全球二氧化碳回收利用

——利用可再生能源实现全球可持续发展

Global Carbon Dioxide Recycling:

For Global Sustainable Development by Renewable Energy

〔日〕桥本功二　著

李向阳　张波萍　译

科学出版社

北　京

图字：01-2021-4385 号

内 容 简 介

本书指出可再生能源的使用是应对全球变暖、实现全球可持续发展的唯一解决方案。第一部分阐述了当前全球变暖和世界能源消费的严峻形势。第二部分展示了笔者多年的研究成果，即通过太阳能发电的绿色电能电解水制氢气，尤其是直接电解海水制氢气，并通过二氧化碳与氢气反应合成甲烷，书中详细描述了所采用的关键技术和关键材料。本书还介绍了笔者在 1996 年建造的世界上第一座“电转气”装置，展示了样机装置和中试装置。最后一部分，阐述了只有使用可再生能源才能实现全球可持续发展，这是许多人共同努力的目标。

本书的内容不仅是笔者为科学工作者和工程师所做的技术讲座，也是为关注全球变暖和能源枯竭的公众所做的科普讲解。

图书在版编目(CIP)数据

全球二氧化碳回收利用：利用可再生能源实现全球可持续发展/(日)桥本功二著；李向阳，张波萍译. —北京：科学出版社，2021.10

书名原文：Global Carbon Dioxide Recycling: For Global Sustainable Development by Renewable Energy

ISBN 978-7-03-069793-6

Ⅰ. ①全…　Ⅱ. ①桥…　②李…　③张…　Ⅲ. ①二氧化碳-废气-废物综合利用-研究　Ⅳ. ①X701.7

中国版本图书馆CIP数据核字(2021)第185767号

责任编辑：吴凡洁 / 责任校对：杨　赛
责任印制：吴兆东 / 封面设计：蓝正设计

科学出版社 出版
北京东黄城根北街 16 号
邮政编码: 100717
http://www.sciencep.com

北京中石油彩色印刷有限责任公司 印刷
科学出版社发行　各地新华书店经销
*
2021 年 10 月第　一　版　开本：720 × 1000　1/16
2021 年 10 月第一次印刷　印张：9 1/2
字数：126 000

定价：98.00 元

前　言

工业化时代之前，大气中的二氧化碳浓度约为 280ppm。随着工业化的发展，大气中的二氧化碳浓度不断增加，从 19 世纪 70 年代开始，在此后的 100 年的时间里，二氧化碳浓度几乎以恒定速率增加。从 20 世纪 70 年代开始，随着经济高速增长，大气中的二氧化碳浓度急剧增加，现在已经超过 400ppm。据报道，2007 年大气中的二氧化碳浓度已经达到了 350 万年前的水平，而我们智人只出现在大约 20 万年前，因此，目前我们星球上几乎所有的生物都没有生活在 350 万年前的气候中的经验，这一事实将威胁到地球上许多生物的生存。

另外，如果绿色可再生能源能够既方便又充足地供全世界所有人使用，那么世界上的冲突就会减少很多。

为了防止全球变暖和提供充足的燃料避免化石燃料消耗殆尽，自 20 世纪 80 年代以来，我们就一直在研究利用可再生能源产生的电力电解水制氢，并利用氢气与从烟气中回收的二氧化碳反应制甲烷。利用这些技术，我们就能够以合成天然气，即甲烷的形式向全世界提供可再生能源，而天然气的储存、运输和燃烧设施在全世界范围内已经有广泛的基础。因此，利用目前世界上广泛使用的技术，只使用可再生能源，在不排放二氧化碳的情况下，就能使全世界生存下去，并且保持可持续发展。

笔者是听取了波兰科学院物理化学研究所名誉教授 Maria Janik-Czachor 等友人，以及许多听过笔者讲座的市民的亲切鼓励和建议而撰写的本书，书中也包含了我们研究和开发工作的总结。

关于通过电解水制备氢气和利用二氧化碳与氢气反应合成甲烷的关键材料的详细学术内容，写在了第 10 章“全球二氧化碳回收利用的关键材料”之中，如果读者对相关详细化学内容没有特别的兴趣，阅读中可以跳过第 10 章。

我们正面临着全球变暖的严峻形势，这是由于大气中的二氧化碳浓度和全球气温上升速度都在不断加快。最近的极端天气频频造成灾害，在全世界许多地区都导致大量人员伤亡。目前异常天气并不罕见，但是由于大气中的二氧化碳浓度异常之高，情况会变得更糟。很多人都认为这些异常天气是全球变暖造成的，没有多少人会认为这是人类自己的责任，即这是我们不断发展的工业活动和其他现代人类活动排放的大量的二氧化碳导致的结果。

在灵长类动物中，智人的运动能力最差。据报道，在 7 万～7.5 万年前最后的冰川期中，由于苏门答腊火山的剧烈爆发，大量的火山灰遮住了阳光，地球平均气温下降了 3～5℃，使得全球范围内降温持续了数千年，许多生物因此灭亡，幸存下来的智人不到 1 万人。有报道说我们智人的遗传多样性仅为黑猩猩的 1/10，那时我们只是地球上众多生物中的一种，而现在我们统治着我们的星球，世界人口超过 75 亿。因此，我们的繁荣归结于人类独特的在互助合作中不断增长的智慧。

20 万年的智人历史，只不过是 46 亿年地球历史的一瞬间。如果我们破坏掉自然界的一切，那么我们人类就是这个星球上最自私的物种。在工业革命之前，大气中的二氧化碳浓度保持稳定，那时人们没有燃烧化石燃料，而主要使用以木材为燃料的可再生能源。二氧化碳一旦释放出来就会扩散到我们星球的整个表面，因此，地球变暖无疑是全球性的问题。我们必须通过全世界的合作，迅速转变方式，只使用可再生能源而不使用化石燃料燃烧，不能表现得很自私，仅考虑自己国家的利益，而应该顾全大局。智人的低遗传多样性表明，我们的祖先可能属于一个部落并通过互相帮助的方式得以生存，因此，我们需要而且能够为实现全球可持续发展进行全人类的合作。

全世界一次能源消费量的增加，对于保持和发展高水平的世界工业和经济活动至关重要，也是不可避免的，而可再生能源在我们的星球上有着取之不尽、用之不竭的丰富储量。因此，笔者希望读者能够理解，我们现有的技术可以为全世界所有人提供充足的可再生能源，让人们在没有化石燃料燃烧和核能发电的情况下，能够安居乐业，保持可持续发展。

桥本功二

2020 年 2 月于日本仙台

目　录

第1章

我们星球的礼物

摘要： 煤、石油和天然气是由生物体经过数亿年演化的化石形成，它们是我们星球的礼物。工业革命之后，工业和经济的增长主要靠增加化石燃料的消费来实现，从而导致大气中的二氧化碳浓度不断增加。在20世纪70年代，人们就开始担心化石燃料终会消耗殆尽。

关键词： 万物丰饶，地球的礼物，工业革命，燃料消费增大，对燃料枯竭的担心，可开采年数

在笔者居住的日本东北地区的仙台市，早春时节，郊外的雪地上就出现了黄色的金盏花，当听到四月的脚步声之时，日本杏花、桃花、樱花、玉兰花、木兰花等竞相绽放。在郊外山里残雪消融的小溪旁，蜂斗菜的嫩芽如雨后春笋般从地里冒出来，我们还把它做成天妇罗食用，享受这一美味佳肴。当一束束浅紫色和白色的紫藤花沿着屋墙垂下之时，房前屋后的庭院里开满了鲜花。在山区里，从浅绿色开始，山体的绿色每天都在变浓，因为光合作用在8月里最活跃。当10月来临的时候，从黄色到红色的各种颜色从山顶逐渐铺展到山底，层林尽染。色彩缤纷的芬芳竞赛结束后，山区就会进入雪季。随着季节的变化，河流把丰富的营养物质从山川带到海洋，养育了海洋中成千上万的生物。这就是我们星球丰富的大自然（尽管全球变暖导致仙台这些天几乎没有降雪）。活在我们星球上的所有生物都从我们星球上获得其所需的一切。我们人类只有20万年的历史，不允许我们随心所欲改变全球环境和消耗资源，我们有责任为子孙后代留下丰富的自然资源。

亿万年前，动植物的残骸被埋在沉积层中承受高温高压的环境，转变为化石，这就是煤、石油和天然气，它们是我们星球上大自然的一部分，也是我们星球的礼物。煤和石油很早以前就被发现是易燃的石头和易燃的水进行使用，然而，煤、石油和天然气的大规模开采和使用，却是很久以后了。

工业革命是从手工业经济到机械制造经济的一个转变，开始于18 世纪的英国。这种转变及其发展，包括从手工制作方法到机器化、化学制造工艺和炼铁工艺的出现。蒸汽机的出现是一个动力源技术革新的显著标志，从而建立了机械工业，并实现了大规模的客运和货运。工业革命后，化石燃料消费的增长一直支撑着工业和经济的快速增长。因此，工业革命以来正是人类的活动导致了大气中的二氧化碳浓度不断增加。

第二次世界大战后到现在，我们通过经济扩张导致世界化石燃料消费持续增长，从食不饱腹的日子，一下子转变为生活在经济高速增长的现代世界中。但是在 20 世纪 70 年代，人们就开始担心以如此高的速度消耗地球上的自然资源，还能持续多久，人们十分担心地球的礼物，就是那些保留了数亿年的化石燃料会被消耗殆尽。

当时开始使用“可开采年数”一词，就是说以目前的生产速度，世界上有多少年的资源储量可供开采。听了可开采年数的数值，人们就会相信仍然不必担心资源会完全耗尽。然而，那是误解，因为当年作为计算可开采年数基础的生产速度每年都在增加。因此，现在我们知道了可开采年数是不可信的。

第2章

氢能源社会的梦想

摘要： 在20世纪70年代初，我们就考虑使用安装在海面浮筏上的太阳能电池产生的电力，现场电解海水向全世界提供氢气。同时，我们感到很难将氢气作为主要燃料，因为我们没有广泛用于氢的存储、运输和燃烧的技术。进入20世纪70年代，在经济高速增长的过程中，工业活动极其频繁，大量资源迅速消耗，我们开始担心资源全部耗尽和废弃物排放对大自然环境的破坏。

关键词： 氢社会的梦想，氢气利用困难

在20世纪70年代初期，我们就掌握了一些电化学工业的知识和技术，例如金、铜、镍及其他金属的电化学沉积，还有在氯碱工业中通过氯化钠水溶液电解制备氢氧化钠和氯气等。因此，我们就考虑使用安装在海面浮筏上的太阳能电池产生的电力，现场电解海水向全世界提供氢气。

同时，我们感到很难将氢气用作主要燃料。1937年5月6日，德国氢气飞艇"兴登堡"号试图停靠在美国新泽西州莱克赫斯特海军航空站，在与停泊桅杆对接过程中，疑因静电放电着火并发生爆炸。造成97名乘客中的35人及地面上的1名工人死亡。这场事故被认为是20世纪震撼世界的重大灾难之一。因为在当时，飞艇是刚刚兴起的世界航空旅行的唯一手段。1929年，"兴登堡"号成功环游世界，令人赞叹不已，途中还在日本停留过。据说当时德国能够长期安全操作氢气飞船，无一伤亡，并对掌握氢气的安全使用有很大的信心，就像日本福岛核电站事故之前认为核能发电是安全的一样。笔者当时尚在年幼，但后来清晰记得这个事故被父母当成是使用氢气的悲剧来教育我。就像这个例子，因为当空气中含有4%～75%的氢气时，即使是静电放电也会引起氢气爆炸，所以普通百姓使用和处理氢气是很困难的。

另外，1L汽油的燃烧能量是3400万J，相当于2704L气态氢燃烧的能量，因此必须减小氢气体积才能运输和使用。但是，又不能采用氢气液化的方式来减小体积，因为氢气的燃烧能量几乎全部被液化所消耗。通过将氢气冷却到低于其沸点–252.6℃进行液化，1kg氢要消耗10～14kWh的电力，这就是氢气燃烧能量的30%～40%，事实上热力发电效率本身一般就在40%左右或更低。此外，储氢容器必须能够承受反复的热冲击，即冷却至–253℃并升温至环境温度进行反复热循环。但是，如果我们认为氢气是整个世界赖以生存的唯一主要燃料，那么我们就必须解决这些问题。

此外，在经济高速增长之后的20世纪70年代，面对日益繁盛的工业和经济活动，我们已经开始担心资源的消耗殆尽，以及废弃物的排放可能毁坏大自然。

第3章

全球气温与大气中的二氧化碳浓度

摘要： 陆地、海洋和大气吸收的太阳能以红外热辐射的形式释放到太空中。温室气体吸收红外辐射并保持稳定的气候。在工业革命之前，由于生物地球化学的碳循环是平衡的，所以，温室气体中的二氧化碳在大气中的浓度几乎一直保持在280ppm左右。而工业革命后，其浓度在约100年的时间里一直高于290ppm。在1870年以来的100年里，世界工业发展导致其以每年0.28ppm的速度持续增长。1970年之后，大量二氧化碳的排放，导致我们的星球无法消化处理。二氧化碳以较快的增速累积在大气中，并且浓度超过400ppm。尽管20万年前人类才出现，但据报道，在2007年，当时大气中的二氧化碳浓度已经达到了350万年前的水平。据报道，在350万年前，大气中的二氧化碳浓度在360～400ppm，全球平均气温和海平面分别比工业化前的水平高2～3℃和15～25m。我们的地球花了250万年的时间，通过喜马拉雅山季风的化学风化作用使其形成碳酸盐固体，将二氧化碳浓度降低到工业化前的水平。很明显当前大气中的二氧化碳浓度是非常危险的，我们需要避免二氧化碳的排放量超过工业化之前的水平。

关键词： 大气中的CO_2浓度，1770年CO_2浓度为280ppm，2018年CO_2浓度为415ppm，20万年人类历史，时间旅行到350万年前

我们知道阳光照耀大地，使地球温暖宜人，并且地球表面是太阳系中存在生命，并且是唯一有生命存在的地方。这是由多种因素造成的，特别是地球相对于太阳的位置。由于处于宜居带，并且因为大气层的存在，地球能够使其表面平均气温保持稳定的 14℃，同时地球表面存在温暖的循环水，这为生命提供了有利条件。如果地球上空不存在大气层的话，那么来自太阳的辐射将直接反射到太空，那么地表平均温度将为–18℃。

幸运的是，我们的星球拥有大气层，到达地球大气层表面的太阳能中，约有 30%被云层、大气颗粒物，以及明亮的地球表面诸如海洋、冰和雪等反射回太空中，这种被反射的能量对地球的气候系统不产生影响。约 20%的太阳能被水蒸气、二氧化碳、灰尘和臭氧等吸收到大气层中，约 50%穿过大气层并被地表吸收。因此，在全部照射地球的太阳能中，约有 70%被海洋、陆地和大气等地球系统所吸收。随着海洋、陆地及大气变暖，它们以红外热辐射的形式释放热量，该热量又穿过大气层放散到太空中。大气中的水蒸气、二氧化碳、甲烷、氮氧化物及其他气体分子吸收红外辐射热量并影响地球气候，这些类型的气体则被称为温室气体。

在工业革命之前，我们的燃料主要是木材，光合作用使得树木生长消耗了大气中的二氧化碳，然而我们又将燃烧木材产生的二氧化碳返回到大气中，循环往复，因此，在工业革命之前，人们的生活并没有改变大气中的二氧化碳浓度。有机物的燃烧、动植物的呼吸、动植物的分解及石灰石的分解等产生二氧化碳并释放在大气中。相反，植物的光合作用、二氧化碳溶解到海洋中、以碳酸盐矿物的形式沉淀到海洋中，以及伴随陆地风化二氧化碳与钙反应生成碳酸钙等消耗掉大气中的二氧化碳，其结果就是二氧化碳浓度通过生物圈、土壤圈、地圈、水圈和大气层的生物地球化学的碳循环保持平衡。因此，人们的生活不会改变大气中的二氧化碳浓度，也就不会诱发气候变化，即不会对世界平均气温 14℃的状况造成影响。

日本东北大学和日本国立极地研究所联合研究的大气中二氧化碳浓度的历史变化，给出了有关全球变暖最重要的数据之一[1,2]，同时也展示了我们的世界大气中二氧化碳的浓度是如何不计后果、突飞猛进地到达现在危险的水准的。这些研究者除了直接分析南极洲上的大气层外，还在南极洲东翁古尔岛内陆约 70km 处对冰芯中的空气进行了二氧化碳分析[1]。图 3.1 显示了南极洲的冰芯和大气中的二氧化碳浓度，以及日本岩手县大船渡市绫里的一个渔村区域的大气中二氧化碳浓度的对比分析[1,3]。从图中可以看出，日本自然大气中的二氧化碳浓度的上升趋势几乎与南极洲相同，日本和南极洲之间的数值差异仅为 3～4ppm。这一事实表明，尽管地球上较温暖地区的大气中的二氧化碳浓度略高(因为二氧化碳在较温暖的海洋中的溶解度低于寒冷海域中的溶解度，后面将述及)，但一旦二氧化碳排放到大气中，它就会扩散到我们星球的整个表面。

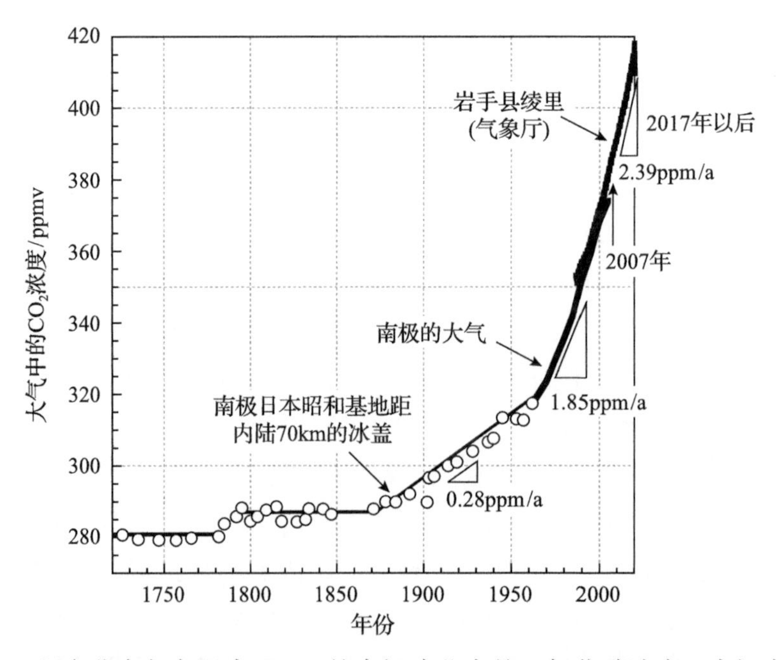

图 3.1 距东翁古尔岛以南 70km 的南极冰芯中的二氧化碳浓度、南极大气中的二氧化碳浓度[1]及日本岩手县绫里大气中的二氧化碳浓度[3]

从史前到18世纪后期的工业革命，我们一直生活在二氧化碳浓度约为280ppm的大气中，也就是说100万m^3的空气中含有280m^3的二氧化碳。工业革命后，燃煤蒸汽机的使用导致大气中的二氧化碳浓度增加，然而在工业革命后的大约100年中，其增加量也仅为10ppm，而从19世纪70年代到1970年为止的100年里，大气中的二氧化碳浓度几乎每年以0.28ppm的恒定速率增加。在此期间，欧洲和亚洲的帝国主义和军国主义开始兴起，经过两次世界大战及发达国家的经济快速增长，发达国家的工业得以持续发展。1970年以后，大气中的二氧化碳浓度已显著上升，这是因为发达国家的二氧化碳排放量过高，无法在我们的星球上得到消化处理，并且二氧化碳还以每年约1.85ppm的速度在大气中积累。2007年之后，由于发展中国家的工业发展及发达国家更高的工业发展速度，大气中的二氧化碳浓度以更快的速度增长，每年约为2.36ppm。因此，2018年大气中的二氧化碳浓度已经达到415ppm。

根据《联合国气候变化框架公约》缔约方会议第4次评估报告《气候变化2007》[4,5]，大气中如此之高的二氧化碳浓度可以追溯到350万年前的上新世，在上新世，各大洲和海盆几乎达到了目前的地理构造，上新世的大气中的二氧化碳浓度为360～400ppm，全球平均气温比工业化前高2～3℃，海平面高出15～25m。

关于上新世，图3.2显示了从520万年前至今的温度变化[6]，智人出现在20万年前，我们只存在于图3.2中右上方所示的时期，图中温度用$\delta^{18}O$表示。由于无法测量远古时代的气温，因此通过对水中氧或氢的同位素分析来推算，水分子中存在重的水分子和轻的水分子，分析的依据是水温越低，较重的水分子蒸发越困难。水分子H_2O由两个氢原子（2H）和一个氧原子（O）组成，每个原子都由一个带正电荷的原子核和一个或多个与原子核结合的带负电荷的电子组成。原子核由带正电荷的质子和电中性的中子组成。原子核中的质子数就是原子序数，由其定义原子属于何种化学元素。一个原子的质量取决于质量数，即原子核中质子和中子的数量之和。在质子数

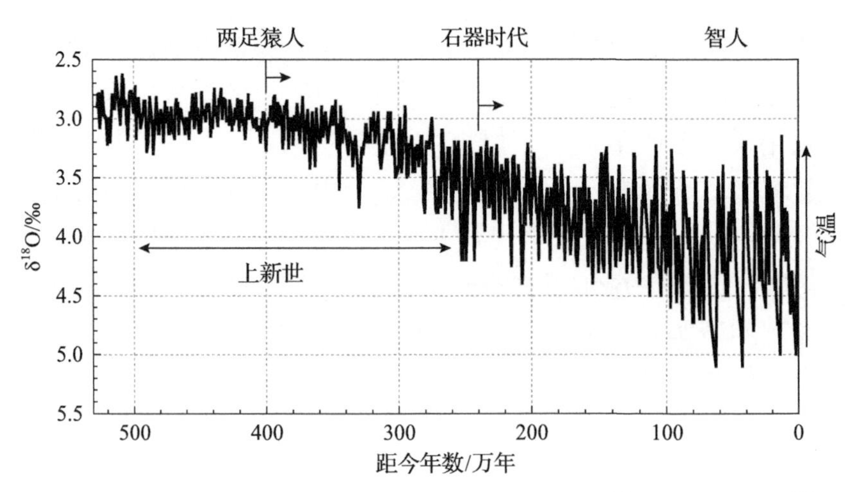

图 3.2　全球 57 个分布点海底有孔虫碳酸盐中 $\delta^{18}O$ 的分析结果[6]

不变的元素中，存在中子数不同的原子，因此质量数也不同，它们被称为同位素。这意味着它们是属于元素周期表中同一个位置的相同元素，但质量数互不相同。氧原子中的质子数为 8，因此氧的原子序数为 8，即 $_8O$。大多数氧原子的中子数为 8，因此，多数氧原子的质量数为 16，即 $^{16}_{8}O$，但约 0.2%的氧原子为较重的氧原子，其质量数为 18，$^{18}_{8}O$ 中包含 10 个中子。因此，也存在含有 ^{18}O 的水分子 $H_2{}^{18}O$，它比大多数由 ^{16}O 组成的水分子重。通常情况下，较轻的普通水分子优先蒸发，在较低的温度下，较重水分子的蒸发特别困难。因此，海水中的 ^{18}O 越高，海水温度和气温就越低。在古科学中，来自珊瑚、有孔虫和冰芯的 $^{18}O/^{16}O$ 比值数据被用作表示温度的替代指标，其定义是千分之一(‰)的 $\delta^{18}O$：

$$\delta^{18}O = \frac{(^{18}O/^{16}O)_{试样} - (^{18}O/^{16}O)_{标准}}{(^{18}O/^{16}O)_{标准}} \times 1000\,(‰) \tag{3.1}$$

有孔虫在其生存的海水中日积月累形成碳酸盐外壳，如果从海底有孔虫堆积的碳酸盐中取样分析 $^{18}O/^{16}O$ 比率，则 $\delta^{18}O$ 值越高，表明它们生存时的气温就越低。通过对全球 57 个分布点的有孔虫碳酸盐进行同位素分析推算了温度变化，其结果如图 3.2 所示。从上新世的 350 万年前到大约 100 万年前之间的 250 万年时间里，气温在降低，这是因为在此期间二氧化碳浓度在下降。

从图 3.2 还可以看出，古代气温存在震荡，特别是在 100 万年前到现代，气温激烈振荡，气候变化难以理解。对于从 42 万年前到现在的短周期内的气候变化模式，法国、俄罗斯和美国进行了特别有趣的联合研究。1998 年，他们在南极洲东部的俄罗斯沃斯托克站钻取了深度达 3623m 的堆积冰床，获得了堆积冰芯样本，用于分析气候的历史数据。冰床是由积雪逐年一层层堆积而形成，因此，冰芯测年是通过对逐年积雪层数的推算以及沿冰芯的各种年代标记，如从大气中与雪共同飘落下来的 ^{10}Be，综合考虑进行推算[7]。比较常用的年代标记元素是碳 14，即 ^{14}C，被用于推算木材等的年代而广为人知。放射性碳 14（^{14}C）和放射性铍 10（^{10}Be）都是由宇宙射线撞击氮和氧发生原子核散裂而形成的，并通过从原子核放出一个 β 射线（电子流 e）进一步发生变化，从而使它们的原子核中的质子数也就是原子序数增加 1。如果以*表示放射性元素，则 β 衰变为 ${}^{14}_{6}C^{*}\rightarrow{}^{14}_{7}N$ 和 ${}^{10}_{4}Be^{*}\rightarrow{}^{10}_{5}B$，即原子序数为 6 的碳变成了原子序数为 7 的氮，原子序数为 4 的铍变成了原子序数为 5 的硼，也就是说通过 β 衰变形成了稳定的氮和硼。半衰期是指放射性核素衰变到原始数量的一半所需要的时间。这样，^{14}C 的半衰期为 5730 年，那么它被用来测定最长 2.6 万年前的年代；而 ^{10}Be 的半衰期更长，为 138.7 万年，因此 ^{10}Be 被用作更远年代的标定，即测定存在于积雪中的 ^{10}Be 量，与新产生的 ^{10}Be 量对比，根据 ^{10}Be 量减少部分就能够推算出年代。

研究结果显示，冰芯样本的年代可以追溯到大约 42 万年前。为了分析古代空气中的二氧化碳浓度，通过在真空下粉碎冰样而不使其融化，抽取冰芯中的大气进行气体分析。气温也是通过对融冰样本的同位素分析来推算的，如果蒸发的水以积雪的形式堆积下来，则在形成冰芯的积雪中，较重的水分子与普通水分子的比例将保持不变。为了推算古代的气温，不仅可以使用 $^{18}O/^{16}O$ 的比率，还可以使用重氢 D 与普通氢 H 之比(D/H 的比率)，即氘/氢比。$_{1}H$ 的大多数原子核由 1 个质子构成，即 $^{1}_{1}H$，但是氘 $_{1}D$ 的原子核由 1 个质子和 1 个中子构成，则氘的质量数是 2，即 $^{2}_{1}D$。氘 ^{2}D 占全部氢的 0.0156%，但冷水中重水的蒸发比普通水困难，类似于 $H_2{}^{18}O$ 和 $H_2{}^{16}O$ 的关系。因此，如果对水蒸发沉积的冰芯进行氧 $\delta^{18}O$ 或氢 δD 的同位素分析，就可以推算出生成冰床的海水蒸发时所处的气温[8,9]。

如图 3.3 和图 3.4 所示，法国、俄罗斯和美国的联合研究揭示了温度和大气中二氧化碳浓度的历史变化[10-15]。图 3.3 中使用了 δD 进

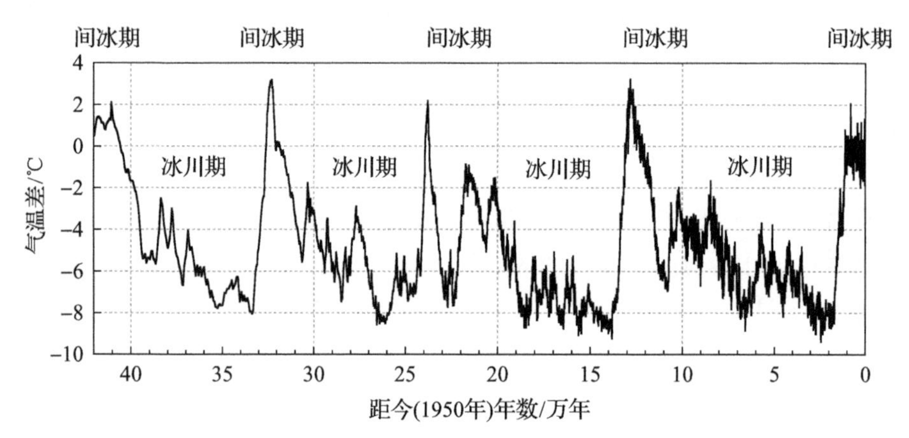

图 3.3　从南极洲沃斯托克冰芯同位素分析推算的历史温度变化[10]

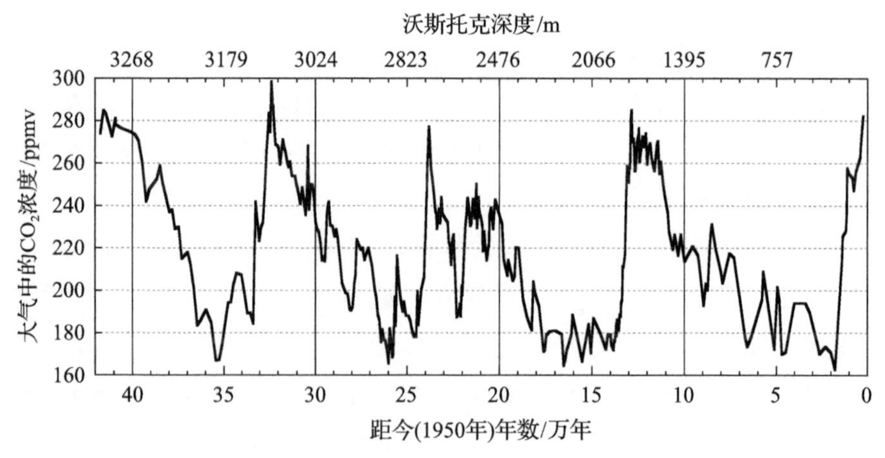

图 3.4　南极洲沃斯托克冰芯中大气中的二氧化碳浓度的历史记录[12]

行温度推算，图中显示了 42 万年内的 4 个冰川周期。每个周期大约 10 万年，包括一个较长的冰川期和一个 1.5 万～2 万年短暂的温暖间冰期，冰川期和间冰期之间的温度差约为 10～12℃，我们目前的间冰期大约开始于 1.1 万年前。

这种气候模型称之为米兰科维奇周期[16]，其中地球温度基本上由到达我们星球上的太阳辐照密度所决定，其主要取决于我们星球与太阳之间的距离。塞尔维亚地球物理学家和天文学家米卢庭·米兰科维奇在20世纪20年代提出一种理论，认为地球轨道为偏心轨道，地球轨道的轴向倾斜和轴向进动的变化会极大地影响气候模式。地球轨道的形状在近似圆形和轻度椭圆形之间随时间变化，轨道形状主成分周期为 41.3 万年，而其他一些要素变化在 9.5 万到 12.5 万年之间有所不同，大致为一个 10 万年的周期。目前，地球轨道几乎就是圆形的，因此，我们现在正处于最温暖的间冰期。

地球的轴向倾斜角度相对于地球轨道平面是变化的，这些倾角变化在 21.5°～24.5°，并且具有周期性，一个周期大约需要 4.1 万年。在较高的角度上季节性差异增加，这也会影响气候。地球自转轴方向的进动是由于太阳和月球施加的大小几乎相等的潮汐力造成的，一个周期大约为 1.8 万～2.3 万年，这也将进一步影响气候的变化。图 3.3 所示的温度模型已通过阐述太阳与地球之间的种种关系进行了大致说明。

图3.4表明大气中二氧化碳浓度的变化通常与图3.3所示的温度变化同步。如图 3.5 所示，当将图 3.4 叠加在图 3.3 上时，可以看出大气中的二氧化碳浓度随着温度的变化而变化。由此可见，大气中的二氧化碳浓度存在上下波动，波动范围在间冰期的 280ppm 左右至冰期的 180ppm 左右，这些数值远低于当前超过 400ppm 的大气中的二氧化碳浓度的水平。大气中的二氧化碳浓度取决于二氧化碳在海洋中的溶解度。当气温降低时，海洋温度也降低，同时二氧化碳在海洋中的溶解度增加，就像冷却的啤酒和碳酸饮料一样。在较低温度下，二氧化碳向海洋中的溶解量增大，导致大气中二氧化碳浓

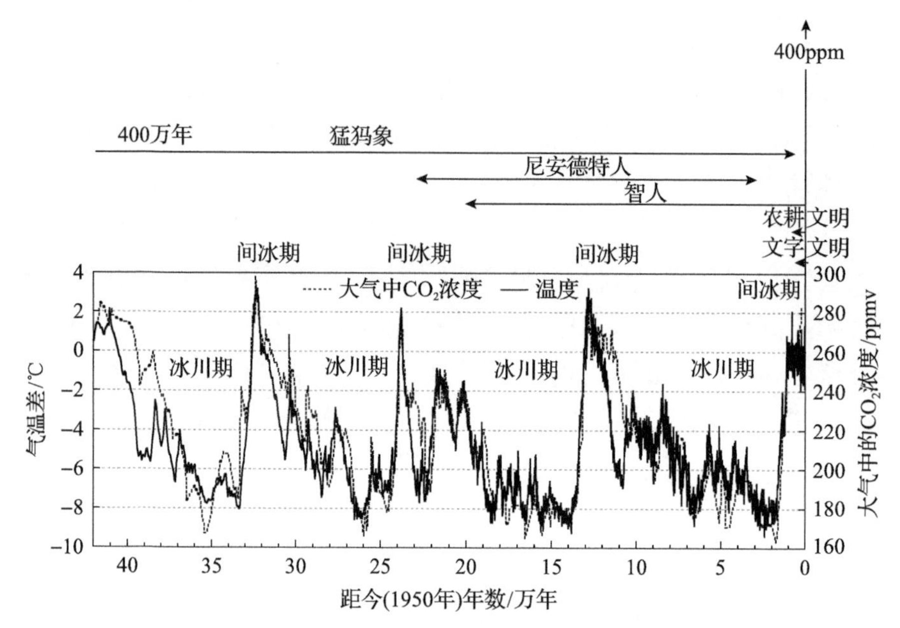

图 3.5　历史温度图 3.3 与历史大气中的二氧化碳浓度图 3.4 的叠加图

度降低。相反，气温上升则海水温度上升，就像跑了气的陈啤酒和碳酸饮料一样，海洋中的二氧化碳跑到大气中，海洋中的二氧化碳浓度就会降低，那么大气中的二氧化碳浓度就会增加。这样，在图 3.5 所示的周期内，地球上的二氧化碳总量几乎不变，二氧化碳浓度在大气和海洋中基本保持平衡，大气中的二氧化碳浓度取决于气温，气温越高则大气中的二氧化碳浓度就越高，然而大气中较高的二氧化碳浓度也增强了温室效应，又导致气温和大气中的二氧化碳浓度进一步增加。相反，大气中较低的二氧化碳浓度会减弱温室效应，从而导致气温和大气中的二氧化碳浓度进一步降低。因此，气温和大气中的二氧化碳浓度的变化是相互关联的，而决定气温和大气中的二氧化碳浓度的主要因素则是地球与太阳的关系。

如图 3.2 所示，从上新世到 100 万年前，温度下降的趋势清晰可见，但是在 100 万年以来的时间里，只有米兰科维奇循环引起的温度波动最明显。因此，100 万年以来，地球上的二氧化碳总量基本保持不变，大气和海洋的二氧化碳浓度几乎处于平衡状态，并依赖于我们星球的温度。与温度相对应，间冰期大气中二氧化碳浓度约为280ppm，冰期最低的时候约为180ppm，在最近这100万年以来持续以约10万年为一个周期上下波动，但是，这些数值都远低于目前已超过400ppm的数值。

这些年来，在我们的星球上发生了各种各样的事情。已知的第一批猛犸象来自上新世的南非，它们追逐凉爽干燥的草地，并遍布全球。这批猛犸象的化石在北冰洋的弗兰格尔岛被发现，它们一直存活到4000年前。大约50万年前，北京猿人在洞穴中生火。尼安德特人大约在23万年前出现，我们的智人大约在20万年前也出现在东非。在数万年前，智人在寒冷的欧洲见到了尼安德特人，那里的尼安德特人来得更早。据说尼安德特人的DNA存在于我们的DNA中，而非洲人没有。然而，这一比例很小，只有2%左右，因此智人和尼安德特人之间几乎没有交流，虽然我们似乎还获得了尼安德特人对某些欧洲特殊疾病的免疫力。据说尼安德特人的身体和脑袋都比智人大[17]，因为尼安德特人比较强壮，他们过去常常捕猎大中型动物，一旦能捕捉到猎物，就可以吃一段时间。因此，他们通常生活在诸如家庭这样的小团体中，不需要改进狩猎技术。由于团体很小，除了吃饭之外并无其他方面的交流学习，语言也不发达，也没有滋生和扩展出新的生活技术。然而，随着上个冰川期气候变冷的进展，他们甚至很难捕捉到猎物。在恶劣的环境中，孤立的小群体的生存变得很困难，他们在大约3万年前就灭绝了。

与此相比，体力弱小的智人生活在一个由100人或更多成员组成的大群体中，因此他们可以通过交流和改进狩猎技术来成群狩猎。妇女们则捕捉小动物并收集食用植物，同时交流认知。他们可以分享贫乏的食物，他们过着互相帮助的生活。据说这种合作意识是弱小智人的独特性格，并且已经印在了智人的DNA上。有时候，幼童也会把吃了一半的食物送给自己喜欢的人，这似乎就是合作精神，这种精神不是教出来的，而是在他们出生前就带有。

据说在大约7万年前的最后一个冰川期，由于苏门答腊火山的剧烈爆发造成了漫长的降温期，并持续了数千年，很多生物灭绝，智人的数量也减少到 1 万人以下。然而，正是由于他们的互相帮助，智人能够在冰川期生存下来，迎接温暖的间冰期的到来，才有了今天的繁荣昌盛。在我们的星球上，没有其他生物可以互相帮助，我们的智慧就是靠独特的互助品格不断增长。

图 3.3～图 3.5 中横坐标的 1 格相当于 1 万年。本次间冰期的气候持续了约 1.1 万年，为所有现存生物提供了健康生活的生存条件，智人在本次间冰期开始后 1000 年左右，即在约 1 万年前开始了野生动植物的驯养和种植。古埃及、美索不达米亚和印度河文明中的文字使用仅开始于大约 5000 年前，而黄河文明仅始于大约 4000 年前。在与外界没有交流的日本，直到大约 3000 年前，人们还以打猎、捕鱼及采摘水果等为生，并形成了世界上极具艺术性的丰富的绳纹陶器和陶俑文化。具有代表性的一个例子就是煮食物用的容器，他们以轻松的生活态度制作出装饰精美的家用锅具，其中就有著名的带有复杂纹饰的火焰造型绳纹陶器，尽管使用起来不太方便，但是充满艺术感。

总之，由于没有化石燃料燃烧，自史前以来人类就一直生活在二氧化碳浓度约为 280 ppm 的大气中。

从上新世以来，大气中的二氧化碳浓度的降低可做如下解释[18]。大约 5000 万年前，印度次大陆与欧亚大陆相撞并相互推挤，其结果，在大约 2000 万年前，喜马拉雅山中央山体从海洋中露出容颜，大约 700 万年前，其高度约为 3000m。在 500 万～250 万年前的上新世时代，喜马拉雅山中央山体的上升特别剧烈，并达到接近 9000m 的最大高度，宽度约为 3000km。大约从 350 万年前开始，突然出现的又宽又高大的山体的上升增强了亚洲季风，这种含有印度洋水蒸气的高湿季风不断冲击浸蚀着山体，导致山体表面裸露，作为岩石主要成分的硅酸盐经化学风化捕获了大气中的二氧化碳，形成以碳酸钙($CaCO_3$)为主要成分的固体碳酸盐，历经 250 余万年，其结果导致大气中的二氧化碳浓度下降，从而使得全球降温，带来寒冷化，在

图 3.2 中清晰可见。就是说，强烈的造山活动导致喜马拉雅山体升高，引起的季风不断侵蚀山体，化学风化捕获了大气中的二氧化碳，致使大气中的二氧化碳浓度从大约400ppm下降到冰川期的180ppm和间冰期的 280ppm 之间，这种变化在我们的星球上花费了 250 万年。因此，靠人类的努力不可能将大气中的二氧化碳浓度从现在的400ppm降低到工业革命前的280ppm，而我们唯一能做的就是减少二氧化碳排放，避免大气中的二氧化碳浓度进一步增加，这必须靠全世界的共同努力。

图 3.6[3]显示了日本三个地区大气中的二氧化碳浓度的月度变化情况。绫里位于东京以北偏东约 450km 的岩手县，这里四季分明，夏季的气温有时高于 30℃，而冬季则有降雪。一年中，大气中的二氧化碳浓度在 8 月份最低，因为植物光合作用最活跃，吸收消耗二氧化碳最多；但从红叶秋季到枯叶冬季，大气中的二氧化碳浓度升高，因为植物释放二氧化碳的呼吸作用超过吸收二氧化碳的光合作用。日本最东端的南鸟岛位于东京东南 1860km、日本最西端的与那国岛位于九州岛南端西南方向 1000 余公里处。这两个岛都位于亚热

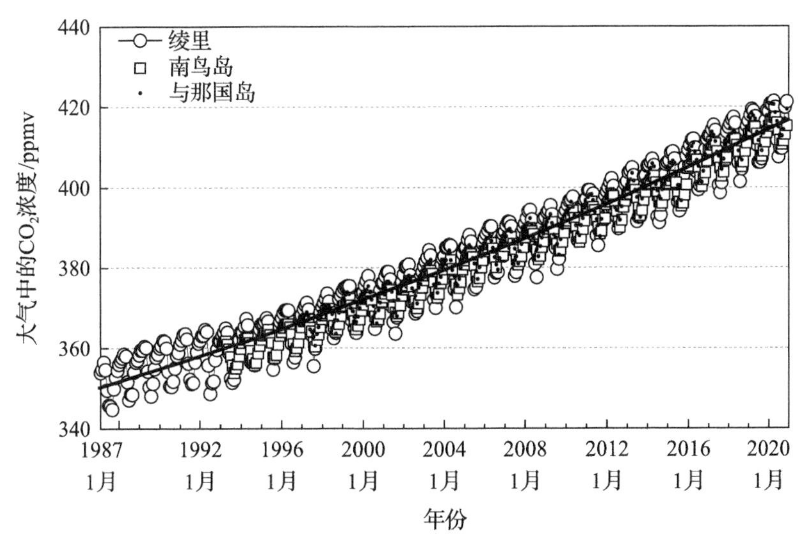

图 3.6 日本温带地区的绫里、亚热带的南鸟岛和与那国岛的大气中二氧化碳浓度的月度变化曲线[3,19]

带地区，季节性气候变化较小，因而大气中的二氧化碳浓度变化小。尽管绫里在温带地区和另外两个亚热带地区的岛屿存在差异，但大气中的二氧化碳浓度的年平均值几乎相同，这再次表明整个地球表面大气中的二氧化碳浓度几乎不变。大气中的平均二氧化碳浓度曲线呈现连续略微上升趋势，表明它会进一步升高。如图 3.6 所示，植物活动引起的大气中的二氧化碳浓度上升与下降的变化最大为 10～20ppm，因此，我们不能指望植物活动会降低大气中的二氧化碳浓度，我们唯一能做的就是避免大气中的二氧化碳浓度进一步增加。

据报道，大约 46 亿年前地球诞生时，大气中的二氧化碳浓度在 5 个大气压以上。在我们的星球上，大气中的二氧化碳主要以固体碳酸盐的形式被捕获，并且在上新世最终减少到工业化前的水平。在我们星球的历史上，诞生了各种各样的生物。恐龙从 2.3 亿年前直到 6500 万年前在地球上繁衍生息。在恐龙时代之前，当时大约 100m 高的裸子植物与现在的裸子植物，如松树和杉树等相比，有更大更柔软的叶子，由于气温和大气中的二氧化碳浓度高，光合作用十分旺盛，从而形成了茂密的森林。早期恐龙的体长为 3～4m，但是，如地震龙和腕龙却能长到约 30m 长和约 15m 高，使得它们可以轻而易举的吃到高大树木上的软而大的叶子。恐龙之所以能够繁衍生息，是因为有目前大多数生物无法生存的高温和高二氧化碳浓度的大气，在这种环境下形成了养育恐龙的巨大森林，恐龙一天可以吃掉 600～1000kg 的树叶。就这样，各种各样的生物出现了，因为当时的气候和大气中的氧气与二氧化碳浓度对它们的生存最有利，而且还提供了必要的食物。然而，由于不能适应气候变化，它们中的大多数都灭绝了。现在所有的生物都能生存下来，是因为现在的间冰期气候已经持续了 1.1 万年。

大气中的二氧化碳浓度在冰期的约 180ppm 和间冰期的约 280ppm 之间以 10 万年为周期上下波动。如果用 1m 的长度来表示 100 万年，那么图 3.5 中的 42 万年对应 42cm 的长度，100 年对应的长度为 0.1mm。在最近的 100 年中，对应的宽度仅为 0.1mm，但大气中的二氧化碳浓度却跃升至 400ppm 以上，如图 3.5 的右边缘上端所示。因此，可以说是我们人类的活动造成大气中的二氧化碳浓度升高，使这个数值回到了 350 万年前大气中的二氧化碳浓度水平。现在几乎所有的生物都没有在 350 万年前的气候中生活的经验，其中许多生物将无法适应这样的气候。我们的祖先在大约 700 万年前才与黑猩猩和倭黑猩猩的祖先分离，如图 3.2 所示，两足动物的出现距今已有大约 400 万年的历史，而且比早期直立人的出现要早得多。在大约 240 万年前，能人则会用石片屠宰动物、剥动物的皮。因此，我们无法想象时间之旅回到那个时代的光景，那时比其他动物运动能力差的双足猿人主要吃植物性食物，如叶子、根茎、水果和坚果等。约在 100 万年前，双足猿人就开始四处寻找其他动物吃剩下的肉。这种气候变化将威胁到许多现存生物的生存。

如果我们根据气候来观察人类的进化，就会理解当他们在炎热潮湿的洞穴中使用石器生活时，为促进排汗，它们的毛发就消失了，因为也不需要体毛保护身体不受到外部伤害。在热带非洲，出现于 20 万年前的智人的身体和毛发受到黑色素沉着保护，避免受到紫外线的伤害。当他们迁移到高纬度的欧洲时，那里常常阴云密布，日照很弱，由于缺乏紫外线，黑色素减少，他们变成了被称为高加索人的白种人，以便吸收更多的紫外线以弥补维生素 D 的缺乏。进而，当智人迁徙进入北部寒冷的欧亚大陆时，它们变成了蒙古人种，并通过缩短手脚，减少面部不平整来减少身体的表面积，以抵御寒冷的天气。除重新增加黑色素外，还提供另一种黄色素，防止地面冰雪的强烈反射引起的紫外线照射。当然，智人的这样一系列进化需要经过许多世代。然而，任何生物都无法通过进化适应仅在 100 年内发生的剧烈气候变化，而这只是其历史上的一瞬间。气候变化不会消灭人类，因为我们可以应对各种情况，但是这等于把其他大自然生物直接暴露在 350 万年前的气候中，它们会遭到灭顶之灾。

我们需要明白，停止化石燃料的燃烧，只使用可再生能源，避免二氧化碳排放是多么的重要。

参考文献

[1] Nakazawa T, Machida T, Tanaka M, Fujii Y, Aoki S, Watanabe O (1993) Atmospheric CO_2 concentrations and carbon isotopic ratios for the last 250 years deduced from an Antarctic icecore, H 15. In: Proceedings of fourth international conference on analysis and evaluation of atmospheric CO_2 data, present and past, pp 193-196. http://caos.sakura.ne.jp/tgr/observation/co_2

[2] Morimoto S, Nakazawa T, Aoki S, Hashida G, Yamanouchi T (2003) Concentration variations of atmospheric CO_2 observed at Syowa Station, Antarctica from 1984 to 2000, Tellus, 55B, pp 170-177

[3] Japan Meteorological Agency, http://ds.data.jma.go.jp/ghg/kanshi/obs/co2_monthave_ryo.html

[4] IPCC Fourth Assessment Report: Climate Change 2007: Working Group I: The PhysicalScience Basis

[5] Haywood A M, Dowsett H J, Valdes P J, Lunt D J, Francis J E, Sellwood B W (2009) Introduction.Pliocene climate,processes and problems. Phil Trans R Soc A, 13 January 2009.https://doi.Org/10.1098/rsta.2008.0205

[6] Lisiecki L E, Raymo M E (2005) A pliocene-pleistocene stack of 57 globally distributed benthic d18O records. Paleoceanography 20: PA1003. https://doi.org/10.1029/2004pa001071

[7] Matt Brinkman, Ice Core Dating. Last Update:January3, 1995, http://www.talkorigins.org/faqs/icecores.html

[8] Peel D A, Mulvaney R, Davison B M (1988) Stable-isotope/air-temperature relationships in ice cores from Dolleman Island and the Palmer Land plateau, Antarctic Peninsula. Ann Glaciol 10: 130-136

[9] Hiyama T, Abe O, Kurita N, Fujita K, Ikeda K, Hashimoto S, Tsujimura M, Yamanaka T (2008) Review and perspective on the water cycle processes using stable isotope of water.JJapan Soc Hydrol Water Res 21 (2) : 158-176

[10] Petit J R, Raynaud D, Lorius C, Jouzel J, Delaygue G, Barkov N I, Kotlyakov V M (2000) Historical isotopic temperature record from the Vostok Ice Core. http://cdiac.ess-dive.lbl.Gov/trends/temp/vostok/jouz_tem.htm. Revised January 2000

[11] Jouzel J, Lorius C, Petit J R, Genthon C, Barkov N I, Kotlyakov V M, Petrov V M (1987) Vostok ice core: a continuous isotope temperature record over the last climatic

cycle (160,000 years). Nature 329: 403-408

[12] Barnola J M, Raynaud D, Lorius C, Barkov N I (2003) Historical carbon dioxide record from the Vostok Ice Core. http://cdiac.ess-dive.lbl.gov/trends/co2/vostok.html. Revised February 2003

[13] Barnola J M, Raynaud D, Korotkevich Y S, Lorius C (1987) Vostok ice core provides 160,000-year record of atmospheric CO_2. Nature 329: 408-414

[14] Petit J R, Basile I, Leruyuet A, Raynaud D, Lorius C, Jouzel J, Stievenard M, Lipenkov V Y, Barkov N I, Kudryashov B B, Davis M, Saltzman E, Kotlyakov V (1997) Four climate cycles in the Vostok ice core. Nature 387: 359-360

[15] Petit J R, Jouzel J, Raynaud D, Barkov N I, Barnola J M, Basile I, Bender M, Chappellaz J, Davis M, Delaygue G, Delmotte M, Kotlyakov V M, Legrand M, Lipenkov V Y, Lorius C, Pepin L, Ritz C, Saltzman E, Stievenard M (1999) Climate and atmospheric history of the past 420,000 years from the Vostok ice core, Antarctica. Nature 399: 429-436 (3 June 1999). https://doi.org/10.1038/20859

[16] Milankovitch M (1941) Kanon der Erdbestrahlungen und seine Anwendung auf das Eiszeitenproblem. Spec Publ R Serb Acad Belgrade 132: 1-633

[17] NHK Special: Emergence of Human, the 2nd Collection; Encounter with Nearest Rival and Separation, 9:00 pm. May 13, 2018

[18] Yasunari T (2013) Himalayan rise and human evolution, himalayan study, monographs-Kyoto University No. 14 (2013) 19-38. http://mausam.hyarc.nagoya-u.ac.jp/*yasunari/list/pdf/yasunari.himarayagakushi.2013.pdf

[19] グローバル二酸化炭素リサイクル，橋本功二著，東北大学出版会，2020 年 2 月 14 日

第4章

温室效应与全球变暖

摘要： 从20世纪初开始，世界平均温度上升超过1℃。但是在北半球，从第二次世界大战后至20世纪70年代中期，却出现了降温趋势，据说这是因为人类活动散发的越来越多的灰尘和烟雾颗粒遮挡了太阳光的缘故。进入70年代后期，发达国家的空气污染已基本得到解决，大气中的二氧化碳浓度的快速增加增强了温室效应。随着时间的推移，温度上升变得越来越剧烈，从2007年开始的10年中，气温上升约为0.26℃。全球变暖引起的异常天气导致了多次灾难发生，在全世界许多地区造成许多人员伤亡。停止使用化石燃料燃烧的迫切需要必须通过全世界的合作来完成。

关键词： 气温急剧上升，异常天气，各地灾害频发

图 4.1 和 4.2 显示了 1891～2020 年南半球和北半球的年平均温度与 1981～2010 年间 30 年的世界年平均温度的差值变动[1,5]。从 20 世纪初开始，南半球的气温持续微弱升高约 1℃。比如在 20 世纪初，当时大气中的二氧化碳浓度不到 300ppm，仙台市的气温很低，冬季已经足够寒冷，可在室外湖泊上滑冰。仙台是 2014 年索契冬季奥运会和 2018 年平昌冬季奥运会男子花样滑冰金牌获得者羽生结弦的出生地，2006 年都灵冬季奥运会女子花样滑冰金牌获得者荒川静香从 1 岁 4 个月大就开始在这里成长。不言而喻，尽管两个人都是在室内滑冰场学的滑冰，但仙台在日本被称为花样滑冰的发祥地而广为人知。19 世纪末，在靠近市区的仙台城堡入口附近的一个名为五色沼的小湖上，居住在仙台的美国人开始教花样滑冰。在 1900～1930 年间，原旧制第二高中的学生不穿长刀刃的速滑冰鞋，而是穿短刀刃且冰刀头部带有锯齿状刀齿的花样滑冰用的冰鞋，在五色沼滑冰场上以 8 字形滑冰，笔者的父亲就是其中的一位滑冰者。

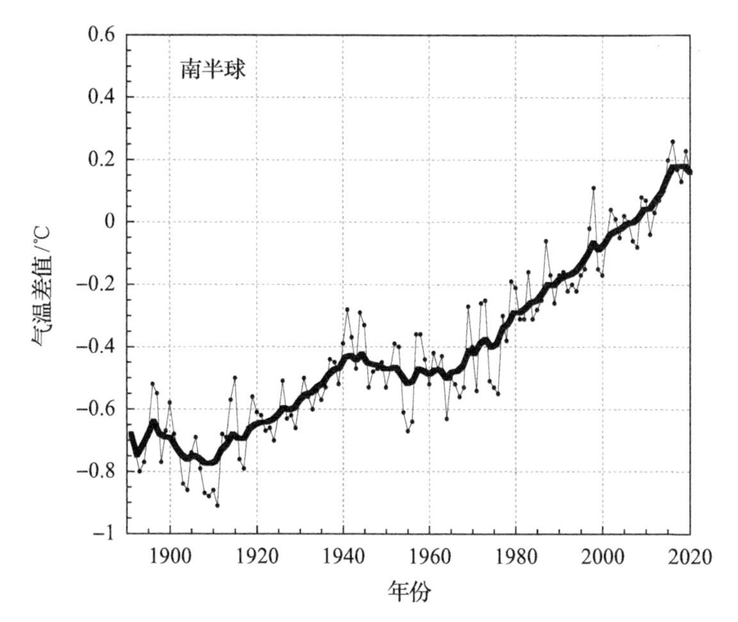

图 4.1　南半球 1891～2020 年平均温度与 1981～2010 年 30 年的世界平均温度的差值[1]

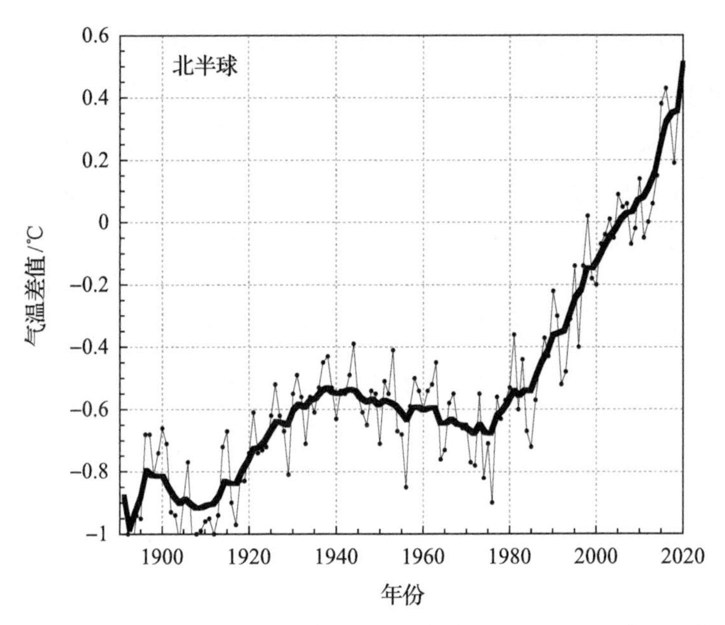

图 4.2　北半球 1891～2020 年平均温度与 1981～2010 年 30 年的世界平均温度的差值[1]

众所周知，第二届日本全国花样滑冰锦标赛于 1931 年在五色沼举行，这也是奥运会选手选拔大赛，确定了参加 1932 年在美国普莱西德湖举行的第三届国际冬季奥运会的国家队选手。这些事实告诉我们，与 20 世纪初的寒冬相比，工业革命之前的寒冬更为普遍。

20 世纪以来气温持续升高，但是在第二次世界大战后，北半球却出现了降温的趋势。因此，直到 70 年代中期，气温一直不是世界关注的主题。太平洋一侧的仙台市冬季也是阳光明媚，尽管降雪量也比日本海一侧的东北地区少，但是孩子们一个冬季仍然多次可以在自家庭院里玩堆雪人、造雪屋及滑雪梯。然而，由于气温已经没有那么寒冷，不能在仙台五色沼湖面上滑冰了。从 70 年代后半期开始，北半球的气温比南半球以更快的速度上升，由于世界气温的持续上升，不仅气象学家，全世界都开始担心气温升高所造成的影响。

对第二次世界大战后北半球降温趋势可做如下解释，即人类的活动不仅将二氧化碳排放到大气中，还将灰尘和烟雾颗粒排放到大气中，灰尘和烟雾颗粒会遮挡太阳光并使地球表面降温。第二次世界大战后，人类活动释放出了大量的灰尘和烟雾颗粒，这是发达国家造成的大气污染。20世纪60年代到70年代初期是经济高速增长时期的后半期，在日本，大气污染和水质污染公害频繁发生。亚硫酸气体即二氧化硫引起的哮喘、炼油厂引起的四日市哮喘及造纸厂废气引起的富士哮喘广为人知。关于水质污染，岐阜县的一家锌冶炼厂将未经处理的含镉废水直接排放到神通川河中，导致下游富山县“疼痛病”大规模流行。“疼痛病”是由镉中毒引起的骨软化症，会导致极度骨疼痛，因患者由于剧烈疼痛一直哭喊“疼疼疼”的哭声而得名。有机汞中毒的水俣病是世界上最严重的水污染之一，美国摄影记者威廉·尤金·史密斯和妻子艾琳·美绪子·史密斯于1975年在美国共同出版了一部摄影集，震撼了全世界。这是由于熊本县的一家化工厂，在1932～1968年一直将含有甲基汞的工业废水排放到水俣湾。这种有毒化学物质在水俣湾附近的鱼类和贝类食物链中逐渐积累，并被当地居民食用从而发生甲基汞中毒。1971～1973年期间，史密斯夫妇居住在水俣市，与患者及其家人建立了良好的信赖关系，并一直坚持拍照。1972年6月2日出版的《生活》杂志上最著名的摄影作品就是《智子入浴》，给全世界带来巨大冲击。上村智子是一个16岁的女孩，胎儿性水俣病患者，四肢不能动，看不见东西，听不到声音，张不开嘴。她在母亲子宫内就受到了感染，她的母亲良子说道：“智子吸收了我吃掉的所有含汞的东西，因为她一个人背负了这一切，这样我和后来出生的她的弟弟们就不生病了，她是我们家中之宝啊！”。在一个老旧的日式家庭浴缸中，母亲良子怀抱智子，智子睁大一双看不见任何东西的眼睛望着屋顶，而母亲眼中满是慈爱，这是一张让人一见便潸然泪下的照片。

这是经济高速增长带来的阴暗面的一部分，现在有些活着的患者仍然饱受水俣病的折磨。关于水俣病，纪念威廉·尤金·史密斯100周年诞辰的电影《水俣病》即将上映，该片由约翰尼·德普主演。与这些疾病相比，粉尘和烟雾颗粒排放这样的公害并没有造成大的社会问题，但是在这个时期，高度活跃的工业活动的标志就是黑色、灰色、黄色及白色等各种颜色的烟雾从工厂的烟囱中不断升起。这种大气污染一直持续到 20 世纪 70 年代前半期，因此，当时北半球的暂时降温是由发达国家不断飙升的工业污染引起的。实际上，灰尘和烟雾的颗粒物会在数周内从大气中沉降下来，而二氧化碳会在大气中存留几百年。发达国家的大气污染基本解决之后，在 70 年代后半期，大气中的二氧化碳浓度显著增加，特别是从 2007 年起的 10 年间，气温上升变得更加显著，这期间世界平均气温上升了大约 0.26℃[1]。

第二次世界大战以后繁盛的产业活动带动了经济的高速增长，排放出大量的二氧化碳，以至于生物地球化学的碳循环无法处理，导致大气中的二氧化碳浓度不断增大，带来了气温上升和海平面升高。

在高纬度地区，气温上升速度更快，图 4.3[2]显示的是阿拉斯加

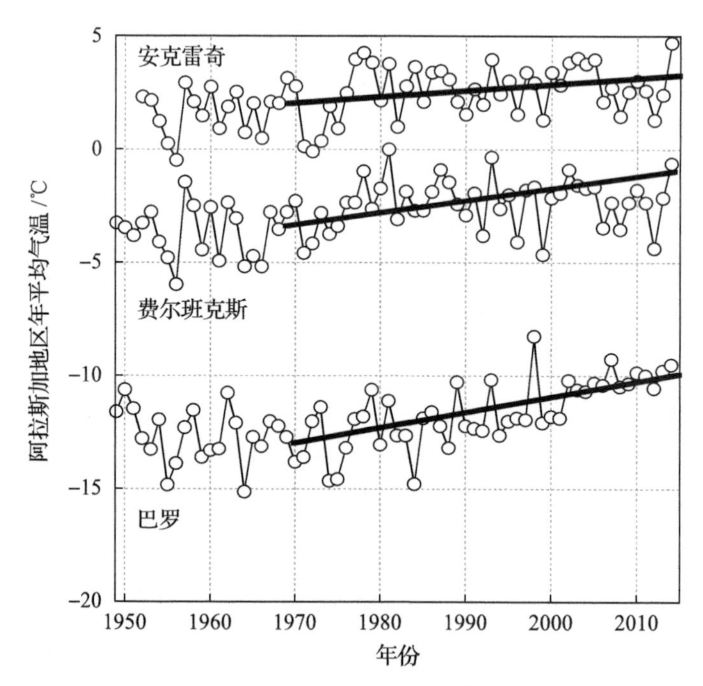

图 4.3　1949～2014 年阿拉斯加三个城市的年平均气温[2]

三个城市的年平均气温，巴罗位于北冰洋沿岸，费尔班克斯位于内陆，安克雷奇位于南端库克湾的封闭区域，这三个城市的气温上升速度远高于全球平均水平，气温升高很剧烈，接近极地地区。

据报道，2016 年 7 月 13 日，巴罗市以东约 500km 的北冰洋沿岸小城戴德霍斯的温度上升到了 29.4℃[3]，我们必须意识到北极熊灭绝的时间越来越近了。华盛顿邮报于 2016 年 7 月 24 日报道[4]，7 月 21 日科威特西北部米特里巴小镇的温度升至 129.2℉即 54℃，这是用可靠测量方法测定气温以来的世界上的最高温度纪录，而此后高温天气出现已经不被当成世界性新闻了，温暖化在不断进行。

极端的高温天气不仅会使原来的海岸线及内海岛屿向海中下沉，还会引发极为严重的灾害，比如异常的天气、极端的气候，如暴雨，干旱，冰川、极地冰盖及永久冻土的融化，加上海平面的上升，还会导致在热带海洋中形成异常强的气旋、台风和飓风。全球变暖引起的海平面上升对于日本来说是一个相当严重的问题。在日本，温暖化的征兆以前并不十分明显，然而最近全球变暖的影响已经开始显现出来。通常，过去台风常常袭击日本的西南部，并在台风到达日本东北之前减弱。然而，由于夏季赤道地区的海面温度异常高，导致近年来大型台风相继形成。2016 年 8 月 30 日，台风袭击了东京北部的东北方向约 450km 的岩手县。在山区台风带来的 1h 内的降雨量是正常时一个月的降雨量。猛烈的水流无法在蜿蜒的河道中转弯，结果直接冲毁森林、推倒树木并堆积形成了堤坝。在一条河溪沿岸的小山村里，河水泛滥，山洪瞬间就淹没了一层的屋顶，房屋也被洪水冲垮，造成 27 人死亡，其中 9 名是养老院的卧床老人。在北海道东部日本最北端的岛屿，有气象观测记录以来，历史上从未遭受过台风的直接袭击，但在 2016 年 8 月的 10 天里就相继遭到了 3 次台风袭击。大面积的洪水造成 2 人死亡，农作物受到严重破坏。特别是在 2018 年 7 月，暴雨和泥石流袭击了日本西部人们祖祖辈辈居住的土地，在广岛县、冈山县等地三天内就造成约 230 人死亡及失踪这样特大灾害。2019 年 10 月，由于登陆日本的台风造成破纪录的暴雨，引发关东、甲信、东北地区河水泛滥及泥石流，造成超过 100 人死亡及失踪的灾害仍记忆犹新。在美国，多地由于森林火灾造成的重大灾害也频频发生，并且，据报道，世界上许多地方都出现了数次被飓风袭击的异常天气。

我们没有办法降低大气中的二氧化碳浓度。随着全球变暖的行进，现在这种异常天气已经变得不再异常，成为普通天气了，但它只会变得更糟。例如，原来短腿野猪最往北也就在日本宫城县南部活动，现在已经遍布全部东北地区，毁坏荒废大量农田，甚至有的农户因为猪害已经停止了农耕。还有，因为野鹿不能在 45cm 厚以上的雪中觅食，所以它们从来不到本州岛最北端的青森县内活动，但现在该地区也饱受野鹿之害。一些动物也许能够从炎热地区逃脱，但植物却不能移动，因此对于食用特定植物的动物而言，逃离酷热也就意味着死亡。异常炎热的夏季并不意味着温带向亚热带转变，有时极端寒冷的冬天也会来临。即使动物从亚热带迁徙到现在的温带，它们也不一定能在冬天生存。这些灾害不是局部的，而是在全世界发生。应对各地发生的种种灾害必须由每个国家各自解决，但是，实施无化石燃料燃烧则迫切需要全世界的合作。

参 考 文 献

[1] Japan Meteorological Agency, http://www.data.jma.go.jp/cpdinfo/temp/list/an_wld.html

[2] The Alaska Climate Research Center, 2015, http://akclimate.org/ClimTrends/Location

[3] Sayaka Mori, NHK World delivered on July 18, 2016

[4] The Washington Post, July 24, 2016

[5] グローバル二酸化炭素リサイクル, 橋本功二著, 東北大学出版会, 2020 年 2 月 14 日

第5章

世界能源消费与二氧化碳排放的现状

摘要： 世界的一次能源消费量和二氧化碳排放量均呈持续增长趋势，这是因为近90%的一次能源消费量是化石燃料燃烧造成的。只有当世界经济不景气时才会抑制一次能源消费量和二氧化碳排放量的增加。发达国家的一次能源消费量和二氧化碳排放量一直保持在较高水平，而发展中国家的一次能源消费量和二氧化碳排放量则在2000年以后持续快速增加。发展中国家的一次能源消费量和二氧化碳排放量在2010年已经超过了经济合作与发展组织(以下简称经合组织)国家，但2016年发展中国家和经合组织国家人口分别占世界人口的78.2%和17.9%。如果允许全世界所有人每人平均拥有世界一次能源消费量和二氧化碳排放量的话，那么2016年发展中国家的人均量将是发达国家人均量的1.4倍，而发达国家人均量必须减少50%以上。此外，世界人口正以年增8310万人线性持续增长。由于一次能源消费量的增加是目前工业和经济发展的必然需要，那么只有在不燃烧化石燃料的情况下，使用可再生能源，才是防止大气中的二氧化碳浓度进一步升高的唯一解决方案。

关键词： 一次能源消费量，二氧化碳排放量，经合组织国家，发展中国家，欧亚大陆，人均消费量，发达国家的责任，巴黎协定

为了防止全球变暖，必须更好地理解与能源相关的世界性问题。图 5.1[1,3]显示的是 1980 年全世界和三组国家的一次能源消费量和二氧化碳排放量的变化。纵坐标左右轴的单位都以 2016 年世界一次能源消费量和二氧化碳排放量的单位为准。在欧洲，很难区分经合组织成员国与非成员国人均一次能源消费量和二氧化碳排放量，因此，在本书中经合组织国家除经合组织的所有成员国外，还包括欧洲的非经合组织成员国。由图中可见，世界一次能源消费量和二氧化碳排放量持续增长，一次能源消费量和二氧化碳排放量的增加也显示出相同的趋势，因为近 90%的一次能源消费量来自化石燃料的燃烧。在这种增长过程中出现了几年的停滞期，20 世纪 80 年代前半期的停滞是由于 1979 年的伊朗革命和随后的两伊战争引起的第二次石油危机，而 1990 年的停滞是由于苏联解体。2001 年发达

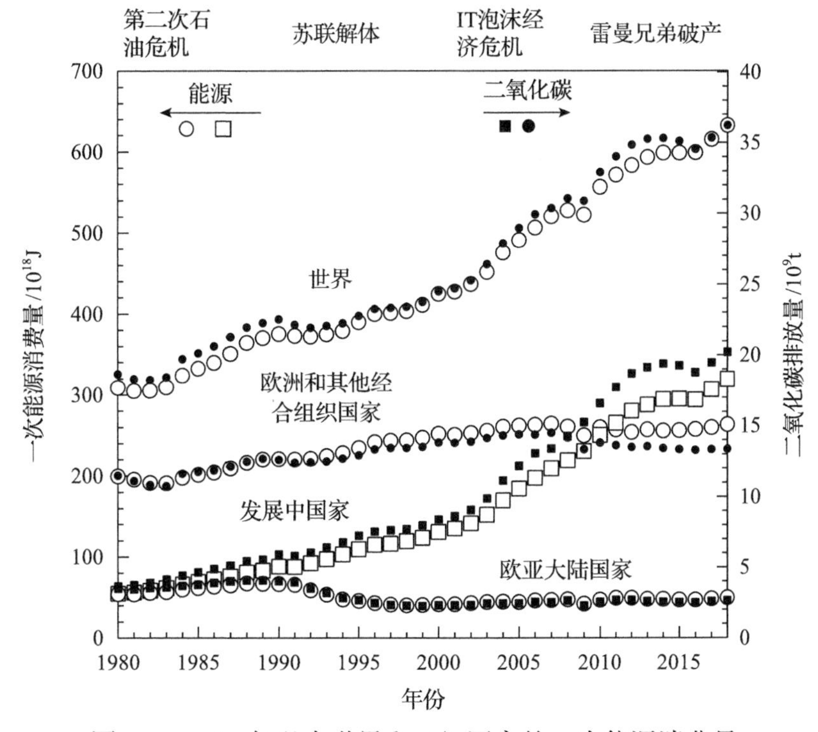

图 5.1 1980 年以来世界和三组国家的一次能源消费量和二氧化碳排放量的历史记录[1]

国家 IT 泡沫破裂后，经济活动出现下滑，2008 年则是雷曼兄弟公司破产。只有经济萧条才抑制了世界一次能源消费量和二氧化碳排放量的增加。

发达国家的一次能源消费量和二氧化碳排放量很高，但发展中国家的一次能源消费量和二氧化碳排放量特别是在 2000 年以后迅速增加。经合组织国家尚未因雷曼兄弟公司破产而完全摆脱经济萧条，而发展中国家近期二氧化碳排放量的增长趋势几乎与世界二氧化碳总排放量的趋势相同。并且在 2010 年左右，发展中国家的一次能源消费和二氧化碳排放的总量超过了经合组织国家。因此，一些发达国家认为，发展中国家大量的二氧化碳排放是造成全球变暖的原因。然而，2016 年，发展中国家的人口占世界人口的 78.2%，而经合组织国家的人口仅占 17.9%。因此，将发展中国家与经合组织国家的一次能源消费量和二氧化碳排放总量进行简单的对比将会导致对实际问题的误解。

为了更好地理解世界范围内的一次能源消费量和二氧化碳排放量的问题，我们必须比较人均消耗的能源量和二氧化碳排放量。大部分数据在参考文献[1]中已经给出，最新的人口数据在参考文献[2]中给出。图 5.2[1-3]给出了全世界、三组国家和一些代表性国家的人均一次能源消费量和二氧化碳排放量。纵坐标左右轴的单位都以 2018 年世界一次能源消费量和二氧化碳排放量的单位为准。因此，经合组织国家人均一次能源消费量和二氧化碳排放量，大大高于发展中国家和世界平均水平就很容易理解了。人均能源消费量高正是衡量经济产业活跃度、人们生活富裕的一个重要指标。从图 5.2 可以明显看出，为了防止全球变暖，发达国家必须减少二氧化碳的排放。因此，认识到发达国家是造成当前温室气体高增长的主要原因后，1997 年 12 月举行的联合国气候变化框架公约第三次缔约方会议通过了一项国际公约，即《联合国气候变化框架公约》下的《京都议定书》。《京都议定书》确认 100 多年来工业活动排放的温室气体，造成现在大气中高的温室气体浓度，发达国家对此负有主要责任。《京都议定书》在“共同但有区别的责任”原则下，将二氧化碳排放量减少百分之几这一非常轻的责任交给了发达国家。然而，从图 5.1 中可以清楚地看出，除了经济萧条时期造成的二氧化碳排放量减少，经合组织国家从未减少过二氧化碳排放量。这表明，经合组织国家的先进燃料燃烧技术在减少二氧化碳排放方面并无效果。由于人均高能源消费是生活富裕的一个表征指数，即使有国家承诺减少二氧化碳排放，但只要还通过化石燃料燃烧维持其经济和工业活动，就不可能减少二氧化碳的排放量。

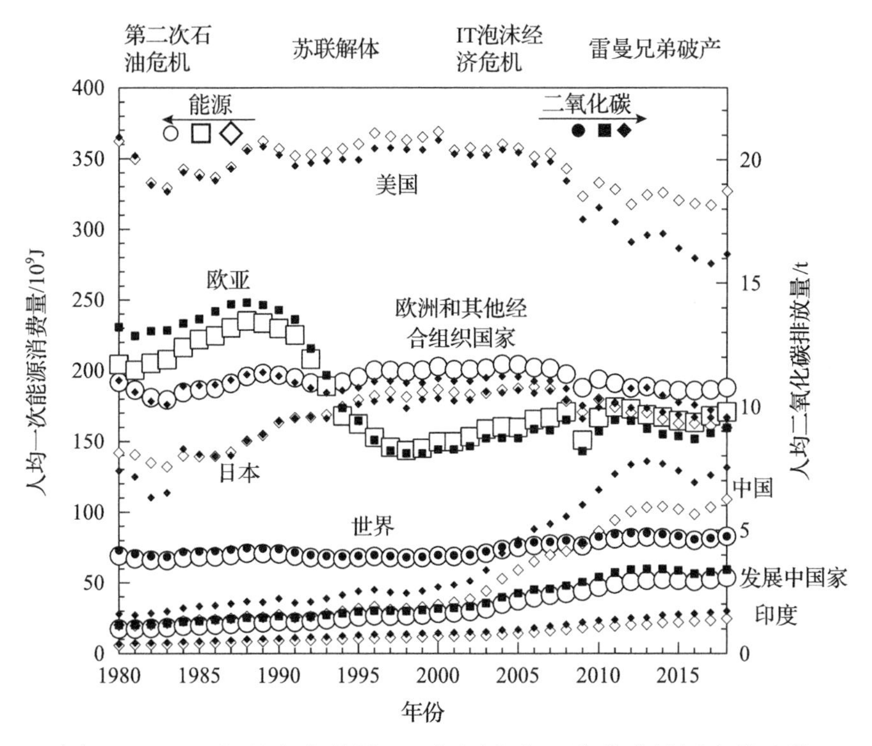

图 5.2　1980 年以来全世界、三组国家和一些代表性国家的人均一次能源消费量和二氧化碳排放量的历史变迁[1-3]

由于《京都议定书》被视为无效，2009 年 12 月在哥本哈根举行的第 15 届联合国气候变化大会上认真讨论了全球变暖问题。时任美国总统奥巴马出席了会议并提出，发展中国家减少二氧化碳排放量是发达国家减少二氧化碳排放量的前提。然而，从图 5.2 清晰可见，这种论点是极不合理的。只有当发达国家将其如此之高的人均二氧化碳排放量减少到低于发展中国家人均二氧化碳排放量的水平时，才有发言权，发达国家才有资格说他们可以帮助发展中国家减少二氧化碳的排放。

让我们以 2018 年的数据来看一看二氧化碳排放的更多细节。图 5.3[1,2]表示的是 2018 年人均二氧化碳排放量与人口的关系。2018 年，全球二氧化碳排放量为 362.26 亿 t，当时世界总人口为 76.34 亿人，因此，世界人均二氧化碳排放量为 4.745t。图 5.3 还给出了三组国家二氧化碳排放量与人口的关系，经合组织国家的人口仅占世界人口的 18.4%。然而，经合组织国家排放的二氧化碳量却占世界二氧化碳总排放量的 36.9%。与此相反，发展中国家的人口

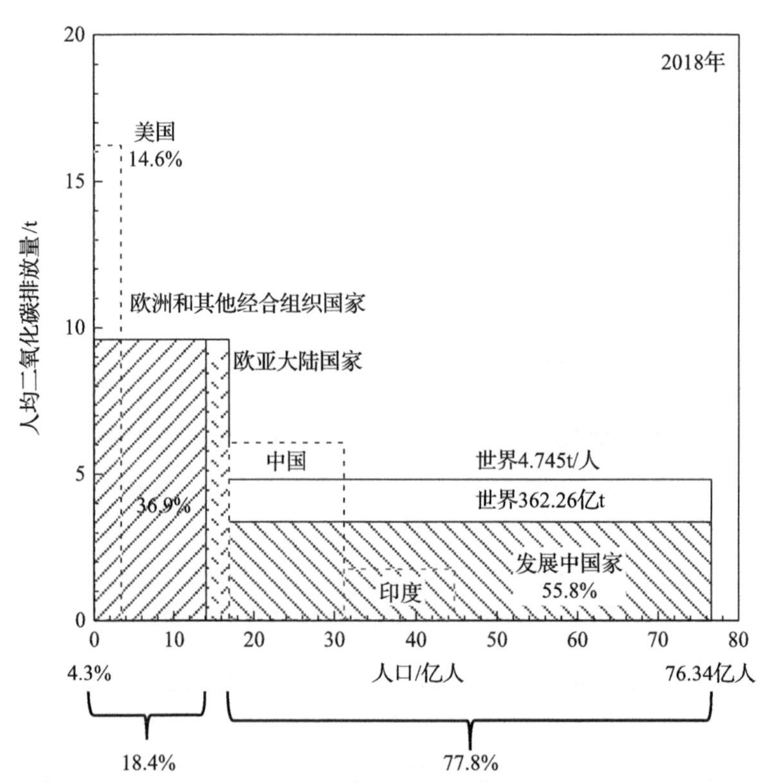

图 5.3 2018 年人均二氧化碳排放量与人口之间的关系[1,2]

占世界人口的 77.8%，而发展中国家仅排放了世界二氧化碳总排放量的 55.8%。美国居民被纳入经合组织国家，但是，如果将美国居民从经合组织国家中单独摘出来，则美国居民仅占世界人口的 4.3%，可是他们排放的二氧化碳量却占世界总排放量的 14.6%。

正如在联合国气候变化框架公约一系列缔约方会议上深入讨论的那样，世界二氧化碳排放量过高，无法防止全球变暖。然而，如果允许全世界每人平均排放 4.745t 二氧化碳，那么发展中国家的排放量将是 2018 年排放量的近 1.4 倍。相比之下，美国居民的二氧化碳排放量必须减少 70%，当然这是不可能实现的。对于经合组织国家来说，人均二氧化碳排放量平均减少一半以上是不可能的。对于欧亚大陆国家来说，人均二氧化碳排放量减少一半也是不可能的。显然，除非我们停止化石燃料燃烧，否则我们没有别的解决方案来避免进一步的全球变暖。

世界一次能源消费的趋势与二氧化碳排放量的趋势相同。图 5.4[1,2]显示了 2018 年人均一次能源消费量与人口的关系。2018 年，全世界消耗了 632.38×10^{18}J 的一次能源，而世界总人口为 76.34 亿人，因此，2018 年世界人均一次能源消费量为 82.84×10^{9}J。经合组织国家消耗了世界一次能源消费量的 41.7%，而发展中国家仅消耗了世界一次能源消费量的 52.5%，尤其是只占世界人口 4.3%的美国居民的能源消费量却占世界一次能源消费量的 16.9%。人均高能源消费量是富裕生活的指标，因此，要想维持高度的经济活动，高能源消费量是必须的，减少能源消费量是不可能的，世界一次能源消费量将继续增加。除非我们从化石燃料燃烧转变为使用可再生能源，否则世界二氧化碳排放量将继续增加。

此外，如果人们关注世界人口的增长，就会更加理解情况的严重性。图 5.5[2]显示了世界人口以每年增加约 8310 万人的速度直线增长。如前所述，在灵长类动物中，智人的运动能力最差，在大约 7 万年前的最后一个冰川期，在寒冷化的历史进程中，据说智人的数量减少到不足 1 万人。而 2018 年世界总人口为 76.34 亿人，我们

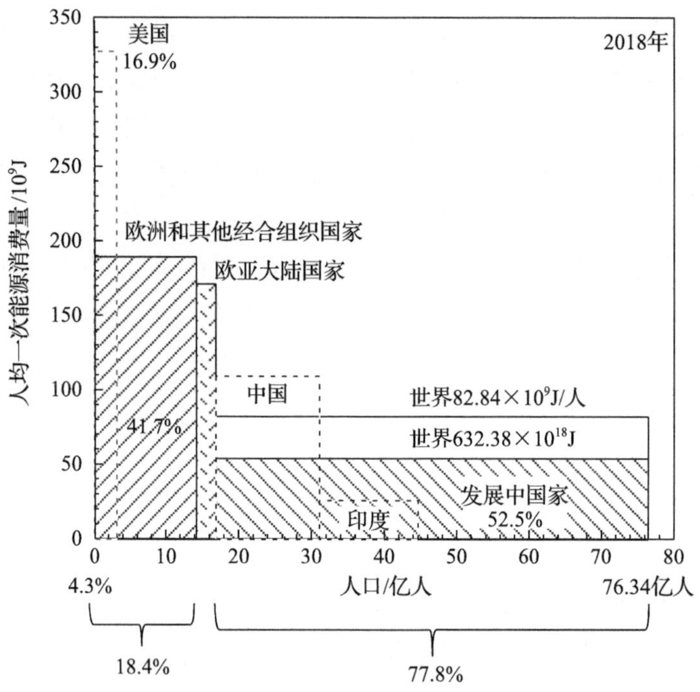

图 5.4　2018 年人均一次能源消费量与人口之间的关系[1,2]

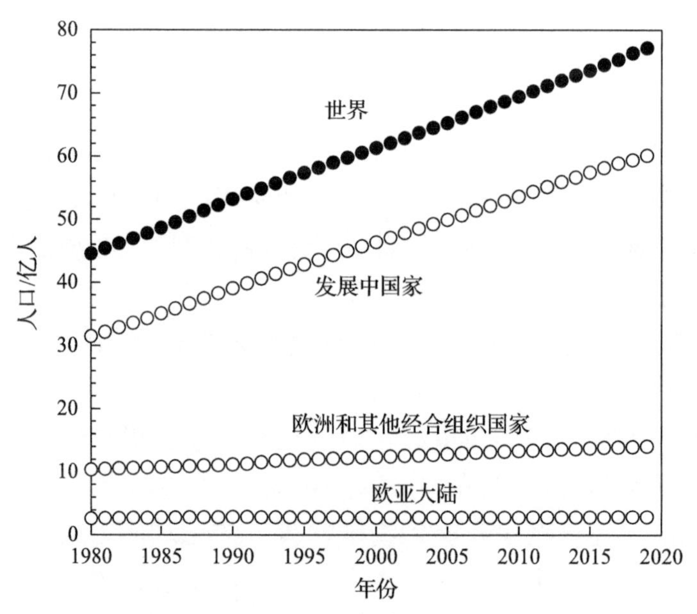

图 5.5　世界和三组国家的人口线性增长[2]

的繁荣是建立在智慧的基础上，这些智慧是由我们独特的互助合作精神所形成的。所有这些数据表明，世界繁荣，世界一次能源消费量和二氧化碳排放量将持续增加。只有通过全世界的合作，不燃烧化石燃料，只使用可再生能源，才能实现可持续发展。

欧洲各国为防止全球变暖，从20世纪80年代初就开始使用可再生能源。在欧洲各国的努力下，2015年12月12日在巴黎召开的联合国气候变化框架公约第21次缔约方会议上通过了《巴黎气候变化协定》（以下简称《巴黎协定》），同意将全球平均气温保持在比工业化前高2℃以下的水平，并努力控制在1.5℃以下。尽管现在大气中的二氧化碳浓度已经超过了350万年前的水平并且还在继续增加，但《巴黎协定》还是决定将气温保持在低于350万年前的水平，因此需要深刻的觉悟和付出巨大的努力。即使大多数国家都批准了该协议，但除非我们确定在全世界范围内停止化石燃料的燃烧并依赖可再生能源，否则该协议将像《京都议定书》那样无法落到实处发挥效能。特别是人均二氧化碳排放量特别高的国家，决不能自私，必须努力把二氧化碳排放量减少到世界平均值以下。尽管美国的人均二氧化碳排放量是世界最高的，远远超过其他经合组织国家，但时任美国总统特朗普于2017年6月1日宣布美国退出《巴黎协定》。然而，据《华盛顿邮报》和美国广播公司的一项民意调查显示，将近60%的美国人反对美国退出《巴黎协定》。美国许多州的州长和市长已宣布继续努力减少二氧化碳排放。不管任何人怎么想，明智的世界都将为减少二氧化碳的排放做出巨大的努力，这也是世界生存下去的唯一途径。

参考文献

[1] U.S. Energy Information Administration, 2019, http://www.eia.gov/tools/a-z/

[2] The World DATABank 2019, http://databank.worldbank.org/data/reports.aspx?source=2&series=SP.POP.TOTL&country

[3] グローバル二酸化炭素リサイクル，橋本功二著，東北大学出版会，2020年2月14日

第 6 章

能源消费的未来

摘要：在 2018 年世界一次能源消费量中，化石燃料占 84.9%，水电和其他可再生能源分别为 6.6%和 4.1%，核能发电占 4.4%。从 1980 年到 2018 年世界一次能源消费量每年以 1.01905 倍率的速度增长。如果世界一次能源消费量一直以这样的速度增加，那么到本世纪中叶，世界上所有的石油、天然气、铀和煤的储量都将全部用尽，只剩下无法忍耐的全球变暖。唯一的解决方案就是建立和普及可再生能源技术，通过全世界所有人的共同努力，只使用可再生能源就可以实现可持续发展。

关键词：21 世纪中叶化石燃料和铀枯竭，无法忍耐的全球变暖，可再生能源的使用，全球可持续发展

图 6.1[1]显示了 38 年间世界一次能源消费量的历史变迁。在 2018 年，化石燃料的消耗量占全球一次能源消费量的 84.9%。水电和其他可再生能源分别为 6.6%和 4.1%，核电仅为 4.4%。38 年来，虽然这些比例关系没有发生太大变化，但是全球一次能源消费量持续增加。如果我们按照 1980～2018 年之间的平均增长率计算，则自 1980 年以来，全球一次能源消费量每年以 1.01905 的倍率持续增长。

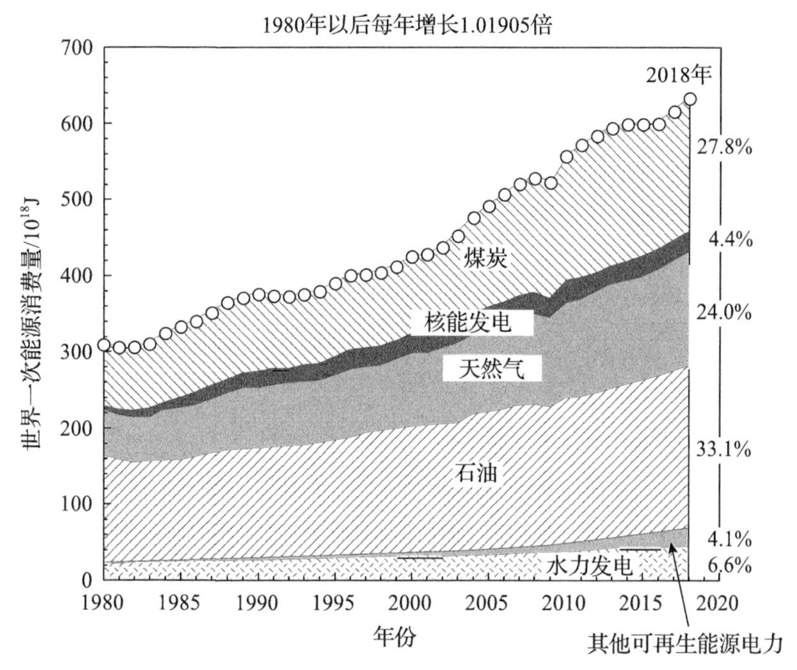

图 6.1 世界一次能源消费量在 38 年间的历史变迁[1]

图 6.2 显示了世界一次能源消费量的历史和未来[1,2]，图中右侧粗曲线是世界一次能源消费量每年以 1.01905 倍率增长外推值。例如，如果用粗曲线估算 2050 年的全球一次能源消费量，除以按图 5.5 外推的 2050 年的世界人口估算值，就可以得到 2050 年的世界人均一次能源消费量的估算值。由此得出，2050 年全球人均一次能源消费量仅为图 5.4 所示的 2018 年经合组织国家人均一次能源消

费量 191.53×10^9J 的 60.6%。因此，图 6.2 中的粗曲线被严重低估了。但是，如果我们就以截止到 2018 年的历史数据为基础，按照被严重低估了的数据向全世界提供燃料，那么 2019 年的世界石油储备量 1.669 万亿 bbl[1]将在 2049 年被消耗殆尽。如果我们按照这一需求继续提供剩余的资源，则全世界天然气[1]、铀[2]及煤[1]的储量将相继耗尽。另外，可开采年数是指各种资源储量在当前产量下可供开采的年数，这个定义是没有意义的，因为作为可开采年数计算基础的当前产量每年都在增加。

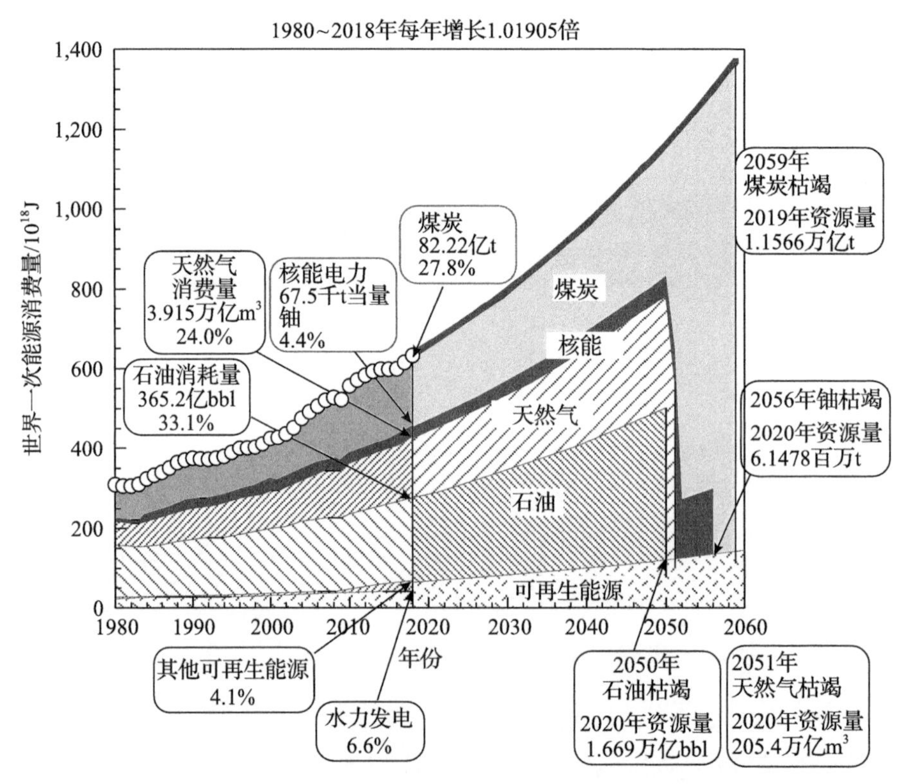

图 6.2 世界一次能源消费量的历史和未来[1,2]

很显然，如果我们继续像以前那样消费化石燃料和铀，那么到本世纪中叶，所有这些资源储备将被完全用尽。由此引发的无法忍耐的全球变暖，将比目前的情况严重得多。但是，如果我们只使用可再生能源而不排放二氧化碳，那么世界就可以持续生存，因为我们星球上存在大量的取之不尽、用之不竭的可再生能源，这将在后面解释。在此之前，让我们考虑一下核能发电。

参考文献

[1] U.S. Energy Information Administration, 2019, http://www.eia.gov/tools/a-z/

[2] World Nuclear Association, 2019, http://www.world-nuclear.org/

第7章

核能发电

摘要：核能发电始于1951年的美国，经过60多年的发展，尽管各国都把核能发电作为国家工程来实施，但2016年核电在世界一次能源消费中的比重仅为4.5%。然而，铀资源本身是有限的，而且核能发电存在不可预估的风险，因为核事故最坏情况下的后果不得而知。一旦事故发生，数十万人必须从家乡撤离几十年甚至更长时间，而且，操作工人及当地的儿童不可避免地会罹患癌症。导致全球变暖的发达国家不能抱着无法在全世界普遍应用的核能发电的自私态度不放，他们有责任向全世界提供能够维持世界可持续发展的技术，只有使用可再生能源，人类才能生存下去。

关键词：占世界一次能源消费量的4.5%，68年的历史，资源有限，风险未知，发达国家的责任

美国于1951年启动了核能发电，并被发达国家列为国家项目竞相开展，同时也是为了显示其科学技术水平高到可以控制核能。然而，经过六十多年的发展，核电在世界一次能源消费中的比重在2016年时仅为4.5%。尽管生产量很少，而且只有少数几个国家专门从事核能发电，但到本世纪中叶，2015年的571.8万t铀资源将被完全耗尽[1]。因此，核能发电不能推广普及，只能由少数几个国家使用。2016年核电仅占世界一次能源消费量的4.5%，这对防止全球变暖几乎没有影响。

核能发电的卖点之一是电力价格低廉。一般而言，如果工业废弃物处理的成本不包括在产品的销售价格中，那么这样的企业终究会破产。但是，包括日本在内世界各国的工业废弃物处理法中通常都不包括放射性废弃物。由于不包括核废料处理的费用，目前的核电价格并不贵，不过放射性废弃物处理的费用以后会通过征税来弥补。德国环境智库-生态社会论坛[2]报告了2014年可再生能源、煤、褐煤、天然气和核能发电的估算成本。这些新建发电站的发电成本不仅包括政府对常规发电的补贴和财政激励措施，还包括放射性废弃物处置的成本及破坏环境的社会成本等，其结果表明，核能发电成本最高，它是太阳能发电成本的两倍以上。

当我们考虑核能发电时，就不应该忘记切尔诺贝利事故的悲剧。切尔诺贝利核电站事故发生在1986年4月26日凌晨1时23分，全世界都已经知道事故的发生，但是至今还没有关于事故原因的详细说明，核辐射受害者的死亡人数高到令人难以置信的程度。根据世界卫生组织、国际癌症研究机构和绿色和平组织的报告，在事故发生20年后，遭受辐射致癌的死亡人数分别为9000人[3]、16000人[4]和93000人[5]。白俄罗斯女记者、非小说类纪实文学作家斯维特兰娜·亚历山德罗夫娜·阿列克谢耶维奇，于1997年在题为“切尔诺贝利的祭祷”的听证会调查报告中写下了核辐射受害者的悲惨遭遇和所受到的痛苦[6]，后来她获得了2015年诺贝尔文学奖。

2016 年 9 月 22 日，日本 BS 朝日电视台播放了一档标题为“切尔诺贝利核事故发生 30 年，由其现状展望福岛的未来”的电视节目[7]，报道了乌克兰患甲状腺癌的人数为 6049 人，他们几乎都不到五岁，有很多小学年龄的残疾儿童都是第二代辐射受害者。切尔诺贝利的灾难在事故发生 30 年后仍未结束，并可能影响到几代人。据电视节目介绍，在福岛有 131 名儿童被诊断出患有甲状腺癌，我们现在唯一能做的就是默默祝愿这 131 名儿童及其下一代能够健康生活。

福岛核事故发生后，数十万人不得不从美丽富饶的家乡撤离，即便是在事故发生 8 年后的 2019 年 2 月 28 日，仍有 41299 人不能回到福岛县的故乡[8]。对个别区域进行辐射污染去除是可能的，但要完全避免辐射点的出现是不可能的。而且，没有办法对山区和山村进行核污染去除作业，因为山风很容易将放射性物质又吹回已经去除核污染的地方，从而造成再次污染。

有报道称又发现了未知的新放射性固体颗粒[9]。最近对发生爆炸的核电站工作人员进行接触剂量检查时发现，尽管放射性有所下降，但在胸部周围却出现了局部的强放射性部位。最危险的核素是因核电站爆炸而散落的放射性铯 ^{137}Cs 和 ^{134}Cs，它们的半衰期分别为 30.07 年和 2.062 年。铯盐溶于水，摄入人体的放射性铯通常会逐渐溶解而排出，成人的放射剂量在 80～100 天后减少一半。另外，在反应堆中核燃料熔化时，放射性铯散射并被吸附在反应堆中的隔热玻璃纤维上。反应堆的爆炸使玻璃纤维熔化，冷却后，包裹着放射性铯的玻璃纤维凝固成颗粒，从而形成了带有放射性的不溶性颗粒。一旦这些放射性不溶性颗粒通过呼吸被吸入人体胸部等部位，它们排出体外就需要很多年。据说成人和 1～7 岁儿童由于放射性不溶性颗粒引起的接触剂量，分别是等量可溶性铯的接触剂量的 70 倍和 180 倍。目前，没有人知道放射性颗粒长年停留在体内对人体造成的影响。即使进行了去污处理，风也很容易将这些放射性颗粒从污染区带到已净化的地区。实际上已经发现，因核事故而被遗弃的无人房屋中，一些家具已经被这些放射性不溶性颗粒的灰尘所覆盖。为了所有人的健康生活，我们需要指定受到核污染的地区不能世代居住。

日本NHK电视台播放了题为“尽管如此，他们仍然努力活着”的特别电视节目[10]。由于生活困难，福岛县的自杀率在地震灾害过去五年后与其他县相比有所增加。一对30多岁的情侣回到了灾后的家乡，那里经过去污处理刚刚被允许居住，尽管当时他们正受到来自后山的放射性影响，但他们结婚了，并恢复了水稻的种植。在核事故发生13个月后的2012年4月，他们与10名志愿者进行了试验性水稻种植，他们在秋天收获的大米中未被检测出放射性，因此在大米品评会上获得了一等奖。二人在2013年扩大了水稻种植面积。但是，由于是福岛的产品，在那个秋天，他们大米的价格仅为正常价格的三分之二。他们举办了一次大米试吃品尝会，邀请了包括在2012年帮助他们进行水稻种植试验的志愿者在内的许多人，但参加人数不多，没有任何改善。在2015年4月，二人与亲戚一起去了他们村镇以北约500km的青森县弘前市赏樱花，在那里他们看到了幸福的人们快乐地生活着。回家一个星期后，他们乘车去了后面的山里，就再也没有回来，他们双双上吊自杀了。尽管只要低于标准值且几乎检测不到放射性的农产品和海产品都可在市场销售，但福岛产品并不受欢迎。虽然像笔者这样的老人都在积极购买福岛的产品，以鼓励和帮助福岛的人们，但是许多有孩子的年轻家庭还是在避免购买福岛的产品。据说这是谣言造成的伤害，但是无论怎么说，父母也都在努力避免孩子受到放射性污染的风险。福岛的人们为复兴而努力工作，但生活却很艰难。

在一档名叫“阿列克谢耶维奇之旅”的电视节目中[11]，一名退休的学校校长照顾小镇上的人们，这个小镇最近通过去污净化变得适合居住了。校长说，回来居住的居民几乎都是老年人，他们认为少量食用是安全的，于是就吃带有放射性的野生蘑菇。他还说，年轻人不会回来了，现在这些老年人死后，这个小镇还将保持阳光灿烂和美丽的景观，但却成了一个鬼城，这是由我们看不见、摸不着、嗅不到、听不到的放射线所造成的。

即使现在，日本地方政府仍在花费公共开支，准备应对核电站事故的避难所及为数十万人进行疏散训练。例如，2016 年 6 月，京都府、兵库县及福井县等三个府县的政府进行了难民疏散演习，假设日本海一侧的福井县的核电站发生核事故，范围涉及从福井县经过京都府到濑户内海一侧的兵库县 500 多公里。另外，还需要确认核事故受害者进入到未遭受辐射污染的地区时，他们的身体、行李及乘坐的交通工具等没有被放射线污染。在 2011 年 3 月 11 日遭受最严重海啸灾难的宫城县，距离女川核电站 30km 以内的七个地方政府就一直在困惑如何将居民疏散到其他城市及村镇。人们明白，核能发电并非绝对安全，即便如此，他们还是遵循疏散实践的行政行动，而不是拒绝核能发电这一产业的存在。

另一方面，德国联邦环境、自然保护和核安全部发表了有关核安全和辐射防护的部门研究报告，题目为“核电站附近儿童癌症的流行病学研究报告”[12]。整个报告的主要部分发表在《欧洲癌症杂志》上[13]，而关于白血病的病例则特别发表在《国际癌症杂志》上[14]。该研究覆盖的地理区域包括正常运行的德国 16 座核电站附近的 41 个县。研究对象包括 1980 年 1 月 1 日至 2003 年 12 月 31 日的 24 年间所有未满 5 周岁的确诊儿童，研究共涉及 1592 个病例，其中白血病 593 例。流行病学评价用概率 Odds 值表示。Odds 值是生病的儿童人数与未生病的儿童人数的比值，如式(7.1)所示：

$$\text{概率}=\text{Odds}=\frac{\text{患病者人数}}{\text{未患病人数}} \tag{7.1}$$

在任何地区都有被诊断出患有癌症的儿童，因此通过将所选局部区域的概率与其他区域的概率进行比较来进行疾病的流行病学研究。比值比(Odds Ratio)，即 OR 值为：5km 或 10km 内(患病人数/未患病人数)/在影响区外(患病人数/未患病人数)，如式(7.2)所示。

表 7.1 总结了所有癌症和白血病病例的 OR 值[12]。

$$\text{比值比}=\text{OR}=\frac{\text{5或10km内的Odds值}}{\text{5或10km外的Odds值}}=\frac{\left(\dfrac{\text{患病者人数}}{\text{未患病人数}}\right)_{\text{5或10km内}}}{\left(\dfrac{\text{患病者人数}}{\text{未患病人数}}\right)_{\text{5或10km外}}} \tag{7.2}$$

表 7.1 1980～2003 年在德国儿童癌症登记处对在核电站 5km 范围内的所有 5 岁以下儿童的癌症和白血病病例的研究结果[12]

	OR 值	低于 95%CL	病例
所有癌症	1.61	1.26	77
白血病	2.19	1.51	37

注：95% CL 为单侧 95%置信区。

关于白血病有更详细的数据[14]，在 10km 区域内，白血病的 OR 值很高，尤其是急性淋巴性白血病的比值比为 1.34。这样，表明在 16 个核电站的 5 及 10km 区域内的 OR 值明显高于整体水平。这些报告说明，即使核电站正常运行，周边地区儿童仍有患癌症及白血病的风险。该结果表明，接触放射剂量的规定值不适用于幼儿。

2011 年 3 月 11 日福岛核电站事故发生后，德国联邦政府于 2011 年 4 月 4 日召集道德委员会讨论能源安全供应问题，目的是建立关于未来能源供应的公众共识，讨论使用核能的风险。2011 年 5 月 30 日，道德委员会提交了一份建议书，其结论认为发生失控核事故的可能性很大，并且对德国而言是至关重要的决定性问题。因此需要尽可能限制使用核能，并在十年之内逐步淘汰核能的使用。建议还指出，最坏的核事故导致的结果还不清楚，因为不能完全把握，所以不能从实际发生的事故经验中推测风险。人类对自然生态的责任是要保护环境，而不是出于私利去破坏环境，应该积极维护环境，并为将来的生存条件提供保障。因此，对子孙后代的责任，能源供给尤其重大。建议还阐明，技术性后果具有永远负责特性，因此需要极其严格的评估。根据道德委员会的建议，德国决定到 2022 年阶段性停止使用核能。

尽管各国都把核能发电作为国家工程来实施，但即使从第一次使用核能发电到现在的 60 多年时间里，2016 年核能发电在世界一次能源消费中的比重也仅为 4.5%，而且其资源本身是有限的。因此，与可再生能源不同，即使与化石燃料相比，我们也完全不能期待核能发电技术的未来前景。

核能发电的目的之一也是炫耀这些国家高水平的科学和工程技术。切尔诺贝利核电站和福岛核电站核事故使核科学和核技术高水平的虚拟形象崩溃了。最坏的核事故将导致的后果仍然未知。一旦发生事故，就会有几十万人必须从家乡撤离数十年或更长时间，而且，核电站的工作人员和当地幼儿罹患癌症是不可避免的。因此，这样的产业是不允许存在的。

据报道，在福岛直到现在每天仍有 4000 人在为拆除核电站而工作，他们一边对看不见的核辐射污染感到恐惧，一边努力工作着，而且，据说核电站的拆除作业还将需要 30～40 年。

没有绝对安全的技术，我们从切尔诺贝利和福岛事故中学到了很多东西。因此，如果再次发生事故，核能发电的推动者就会被认为是造成大量人员伤亡和重大损失的肇事者。

正如下述将要提到的那样，有多种更安全的发电技术，有大量取之不尽、用之不竭的可再生能源可用于全世界的可持续发展。一些国家以其核电占能源消费比例高，从而抑制了二氧化碳的排放为借口，不积极努力减少二氧化碳排放，而是抱着拘泥于核能发电这一危险技术的自私态度。造成全球变暖的发达国家，应该停止鼓动不可能在全世界推广普及的核能发电技术，而是有责任提供仅利用可再生能源就能使全世界生存下去的方法。

参 考 文 献

[1] World Nuclear Association, 2016, http://www.world-nuclear.org/

[2] Tangermann S, Müller N(2015) Was Strom wirklichkostet, Forum Ökologisch-Soziale, January 2015, http://www.foes.de/pdf/2015-01-Was-Strom-wirklich-kostet-kurz.pdf#search=‘FÖSStudie%3A+Erneuerbare+Energien+sind+kostengünstiger’

[3] Cardis E et al(2006) Cancer consequences of the Chernobyl accident: 20 years on. J Radiol Prot 26(2): 127-140

[4] The Cancer Burden from Chernobyl in Europe, IARC Press Release No.168, 20 April 2006. http://www.iarc.fr/ENG/Press_Releases/pr168a.html

[5] The Chernobyl Catastrophe Consequences on Human Health, GREENPEACE 2006. http://www.greenpeace.org/international/press/reports/chernobylhealthreport#

[6] Alexandrovna Alexievich S(2005) Chernobyl's Prayer. US edition: voices from Chernobyl: the oral history of the nuclear disaster, translated by Keith Gessen(Dalkey Archive Press, 2005; ISBN 1-56478-401-0)

[7] Asahi BS(2016) 30years after Chernobyl's nuclear accident, 10:00 p.m, September 22, 2016

[8] Fukushima Headquarters of Disaster Countermeasures, February 28, 2019

[9] NHK Close-up Nowadays, Six years after nuclear accident, Approach of the radioactive newparticles, 10:00 p.m, June 6, 2017

[10] NHK Special, Nevertheless, they made a great effort to live, Five years after Nuclear Disaster-Report from Fukushima, 10:00 p.m, January 9, 2017

[11] NHK BS1 Travel of Alexievich. 10:00 pm, February 19, 2017

[12] Ressortforschungsberichte zur kerntechnischen Sicherheit und zum Strahlenschutz, Epidemiologische Studie zu Kinderkrebs in der Umgebung von Kernkraftwerken(KiKK-Studie)-Vorhaben 3602S04334, December 2007

[13] Spix C, Schmiedel S, Kaatsch P, Schulze-Rath R, Blettner M(2008) Case-control study on childhood cancer in the vicinity of nuclear power plants in Germany 1980-2003. European JCancer 44: 275-284

[14] Kaatsch P, Spix C, Schulze-Rath R, Schmiedel S, Blettner M(2008) Leukaemia in young children living in the vicinity of German nuclear power plants. Int J Cancer 1220: 721-726

第 8 章

为了全世界的可持续发展

摘要： 为了防止全球变暖的进一步发展，为了避免化石燃料的完全耗尽，必须通过只使用可再生能源而不燃烧化石燃料，将全世界的二氧化碳排放量限制在工业化之前的水平。我们需要建立和推广各种技术，使全世界只利用可再生能源就能保持可持续发展。在我们的星球上，有取之不尽、用之不竭的、大量的可再生能源。为了整个世界的生存，必须将可再生能源转换为目前普遍使用的燃料，因为这些燃料的储存、运输和燃烧的基础设施在全世界都已经存在。

关键词： 防止进一步的全球变暖，防止化石燃料的枯竭，绰绰有余的可再生能源

如图 6.2 所示，将全球能源消费趋势曲线外推可见，我们星球上的燃料资源到本世纪中叶就将完全枯竭，而且全球变暖会变得更加严重。实际上，如果石油和天然气等燃料的产出国预测石油和天然气将全部消耗殆尽，他们将停止出口任何燃料，因为他们需要用剩余的燃料来维持自己的生存。

自 2007 年以来的 10 年中，世界平均气温上升了 0.26℃[1]。《巴黎协定》的执行是防止全球变暖进一步发展的最低要求。由于大气中的二氧化碳浓度已经超过 400ppm，为了使气温低于《巴黎协定》规定的最多高于工业化前水平 2℃，我们就需要将二氧化碳排放量降低至工业化前水平。在工业化之前的时期，大气和海洋中二氧化碳的总浓度保持不变并持续了大约 100 万年，在冰川期大气中的二氧化碳浓度约为 280ppm，保持了生物地球化学的碳循环平衡。历史表明，化石燃料燃烧打破了平衡，大气中的二氧化碳浓度增加。而在工业化之前，人们只使用可再生能源。因此，我们需要将化石燃料燃烧 100%转换为利用可再生能源。如图 8.1 所示，我们必须形成使用可再生能源的技术，并为全世界的生存和可持续发展推广应用这些技术。

让我们考虑一下，我们能否像工业化时代以前那样仅仅燃烧木材而生存。据报道[2]，一些木材的热值较高，如红橡木为 14.9kJ/g、红桤木为 18.6kJ/g、油松为 28.4kJ/g，它们的密度分别为 0.74g/cm^3、0.4～0.7g/cm^3 和 0.67g/cm^3[3]。2016 年，世界平均一次能源消费量为每人每天 2.103 亿 J[4,5]，那么，如果我们想通过种植一棵密度为 0.7g/cm^3、燃烧热值为 20kJ/g 的树来产生相当于每人每天 2.103 亿 J 的热能，则全世界所有人每人每天都必须种植一颗 50.9cm 高、直径为 20cm 的树。2016 年一个日本人和一个美国人每人每天使用的一次能源分别为 4.441 亿 J 和 8.615 亿 J，因此他们每人每天必须种植一颗高 101.0cm、直径 20cm 和高 196.0cm、直径 20cm 的树。以这么快的速度种植树木显然是不可能的，因此，人类像工业化之前那样仅依靠生物质材料生存也是完全不可能的。

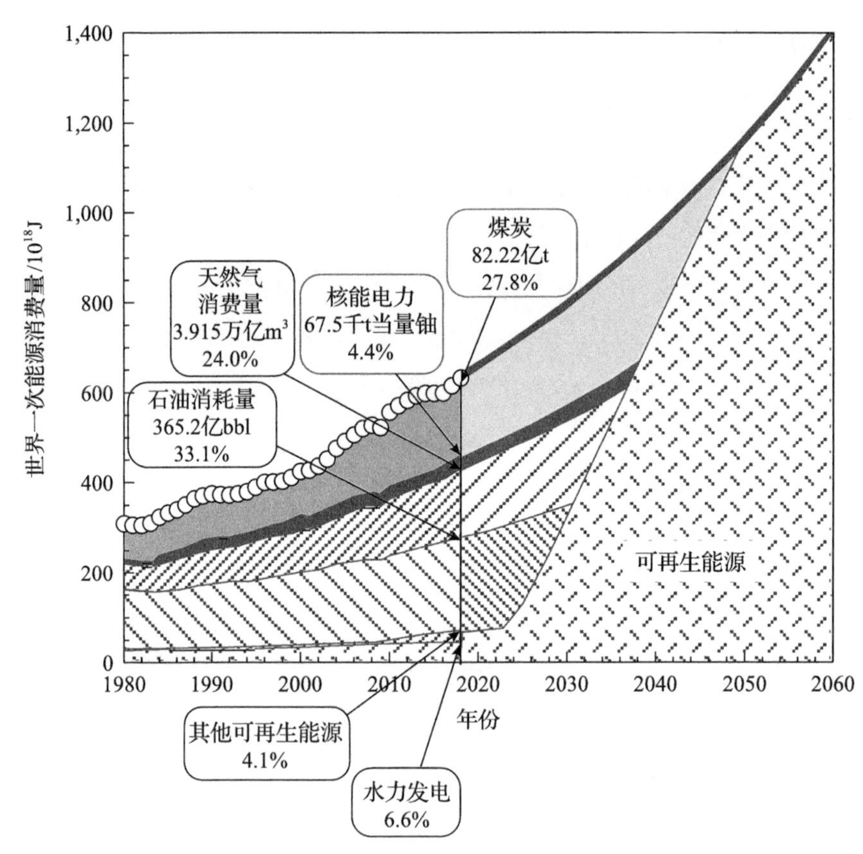

图 8.1　通过使用可再生能源实现全球可持续发展

与此相反，可再生能源在我们的星球上有用之不竭的丰富储量。2016 年，全球一次能源消费量为 6.0864×10^{20}J[4]。让我们考虑一下在沙漠上建造太阳能电池发电站来提供这些能量，如果使用能量转换效率为 20%的市售太阳能电池，每天在 1000W/m^2 的日光下工作 8h，对应 2016 年全年的 6.0864×10^{20}J 的世界一次能源消费量，则需要沙漠的有效面积为 2.895×10^5km^2，这仅占地球主要沙漠面积 2.269×10^7km^2 的 1.28%。如果允许我们仅使用澳大利亚的沙漠，则需要的沙漠区域仅占澳大利亚沙漠面积的 8.6%。即使我们仅在非常有限的沙漠地区使用太阳能电池发电，整个世界都可以生存。除了太阳能之外，还有风能等很多可再生能源，因此，我们的星球上有足够大量的可再生能源。

可再生能源种类繁多、资源量庞大，我们还拥有各种将可再生能源转化为电力的技术，但是，远距离输电是不可行的，加之主要的可再生能源是风和阳光，两者都具有间歇性波动的天然属性。具有间歇性波动的可再生能源产生的电力，常常不能满足灵活可变能源的需求，另外，我们也没有任何电池能够存储如此庞大的电能。虽然直接利用可再生能源发电最为有效，但是很多情况下需要将可再生能源发电的剩余电力转化为燃料使用，一方面是使用这种燃料再去发电以产生稳定的电力，另一方面就是用于补充可再生能源发电的不足部分，并用于调节可再生能源发电的间歇性波动。

如前所述，在20世纪70年代，我们一直考虑利用可再生能源产生的间歇性波动电力电解海水制氢。但是，世界上没有广泛用于氢气存储、运输和燃烧的技术，也没有配备燃烧氢气炉灶的家庭。为了能够使用氢气，我们需要开发用于存储、运输和燃烧氢气的技术。现阶段还不可能将这种燃料用作全世界的主要燃料。因此，我们必须将间歇性波动电力转换为目前普遍使用的燃料，因为这些燃料的存储、运输和燃烧的基础设施及技术都已经十分成熟。

参考文献

[1] Japan Meteorological Agency, http://www.data.jma.go.jp/cpdinfo/temp/list/an_wld.html

[2] Ince PJ (1979) US Department of Agriculture, Forest Service, Forest Products Laboratory, General Technical Report FPL 29 (1979)

[3] The Engineering Toolbox, http://www.engineeringtoolbox.com/wood-density-d_40.html

[4] U.S. Energy Information Administration, 2019, http://www.eia.gov/tools/a-z/

[5] The World DATABank 2019, http://databank.worldbank.org/data/reports.aspx?source=2&series=SP.POP.TOTL&country=

第 9 章

全球二氧化碳回收利用

摘要： 可再生能源的燃料合成必须采用简单的技术进行，不能是很复杂的系统，因为燃料合成必须在全世界范围内进行。我们成功地制备了二氧化碳甲烷化的有效催化剂，这种催化剂可以使二氧化碳与氢气在常压下发生反应，并迅速转化为合成天然气即甲烷，而且甲烷的选择率几乎达到 100%。在开发出二氧化碳甲烷化催化剂的基础上，我们提出了一项全球二氧化碳回收利用的系统解决方案，该方案包括利用可再生能源产生的电力电解水制氢，通过与氢气反应将二氧化碳转化为甲烷，在能源消费地将甲烷燃烧，回收生成的二氧化碳并运回到二氧化碳甲烷化装置。实现全球二氧化碳回收利用，将使全世界永远持续使用可再生能源，而不向大气中排放二氧化碳。我们还从 30 年前就开始研究全球二氧化碳回收利用的关键材料。

关键词： 可再生能源产生的电力，电解水制氢，二氧化碳甲烷化，向全世界供应甲烷，绿色材料

从远古时代起，我们就一直使用枯树枝作燃料，这些是全世界通用的燃料。因此，应该通过使用简单的技术，在世界各地使用可再生能源合成可在全球范围内使用的燃料。燃料必须通过反应气体混合物在简单的反应器中不经加压而形成。如果需要复杂的系统来生产燃料，那么这种燃料就不能在全世界范围内代替化石燃料使用。为了从可再生能源中生产当前普遍使用的燃料，就需要使用可再生能源发电产生的电力电解水制氢，同时还需要使用二氧化碳作为另一种原料。我们非常幸运，我们可以找到一种非常有效的催化剂，在这种催化剂的作用下，常压下氢气就可与二氧化碳快速反应生成甲烷，而且甲烷的转化率几乎达到 100%，还不会形成其他物质[1]。甲烷是天然气的主要成分，世界各地都有非常高效的燃烧系统和储运基础设施。

在成功制备出常压下与氢气反应使二氧化碳甲烷化的催化剂的基础上，我们在 25 年前提出了全球二氧化碳回收利用的系统解决方案[2,3]，如图 9.1 所示。

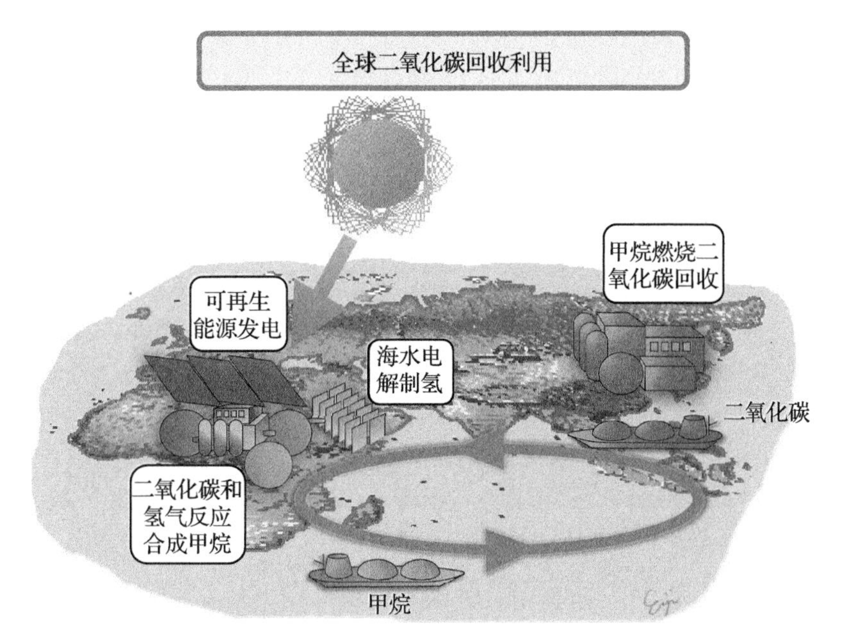

图 9.1　为实现全世界生存和可持续发展的全球二氧化碳回收利用系统示意图[4]

利用可再生能源产生的间歇性波动电力，在其最靠近的海岸进行海水电解制氢，随后就地将氢气与二氧化碳反应转化为甲烷。产生的合成天然气，即甲烷，就可以利用现有的天然气运输基础设施和技术供给全世界消费者，然后通过天然气燃烧系统进行燃烧。与当前情况唯一的区别就是，我们需要从燃烧的废气中捕获二氧化碳，并将二氧化碳运回到与氢气反应的装置中循环利用。如果我们实现了全球二氧化碳的回收利用，那么全世界就可以永远持续使用可再生能源，而不会将二氧化碳排放到大气中。

为了实现全球二氧化碳的回收与循环利用，我们拥有可再生能源发电技术及甲烷的运输和燃烧系统，而从烟囱中捕获二氧化碳则可以采用醇胺吸附法或变压吸附法。另外，液化二氧化碳的性质与液化石油气 LPG 的性质几乎相同，因此，如果必须进行液化二氧化碳的远距离运输时，则可利用现有液化石油气运输系统及技术。因此，如果我们确立了海水直接电解制氢，加上氢气与二氧化碳反应制甲烷的工业化技术体系，就可以实现全球二氧化碳的回收与循环利用。而且，我们从 30 年前就已经开始研究全球二氧化碳回收利用的关键材料，并将其称为“绿色材料——为了保护地球环境和保障丰富能源供给的材料”[2]。

参考文献

[1] Habazaki H, Tada T, Wakuda K, Kawashima A, Asami K, Hashimoto K (1993) Amorphous iron group metal-valve metal alloy catalysts for hydrogenation of carbon dioxide. In: Clayton CR, Hashimoto K (eds) Corrosion, electrochemistry and catalysis of metastable metals and intermetallics. The Electrochemical Society, pp 393-404

[2] Hashimoto K (1993) Green materials—Materials for global atmosphere conservation and abundant energy supply (in Japanese). Kinzoku 63 (7): 5-10

[3] Hashimoto K (1994) Metastable metals for “green” materials for global atmospheric conservation and abundant energy supply. Mater Sci Eng A179/A180: 27-30

[4] Hashimoto K, Akiyama E, Habazaki H, Kawashima A, Shimamura K, Komori M, KumagaiN (1996) Global CO_2 recycling, Zairyo-to-Kankyo (Corrosion Engineering of Japan)

第 10 章

全球二氧化碳回收利用的关键材料

摘要： 电解水制备氢气和氧气的阴极与阳极材料，以及二氧化碳与氢气反应甲烷化的催化剂是其中的关键材料。我们通过电沉积法成功地制作了活性 Ni-Fe-C 和 Co-Ni-Fe-C 合金阴极。从反应机理看，这类合金析氢活性最高，通过合金化发生镍原子向铁原子的电荷转移，从而加速了电子从阴极传递给氢离子并形成氢原子。我们成功地制作了只析出氧气而不析出氯气的海水直接电解用阳极。电解海水制备氧气的有效催化剂是含有 Mo、W、Fe 及 Sn 的 MnO_2 型氧化物，使用 0.5mol/L NaCl 溶液，在 1000A/m^2 的电流密度下，氧气析出效率可达 99.9%，并保持 4200h 以上。由于急需制氢电解槽，我们目前使用热碱性溶液工业电解槽制作了活性阳极和阴极。我们发明了 Ni 负载 ZrO_2 型氧化物催化剂，可以在常压下迅速将二氧化碳甲烷化，并且甲烷选择率几乎达到 100%。ZrO_2 型氧化物为四方晶系，并且包含氧空位，这样的结构对吸附双齿碳酸盐非常有效，这也充分说明二氧化碳甲烷化是由于双齿碳酸盐吸附在催化剂上而得以完成。

关键词： 析氢阴极，析氧阳极，海水电解，碱性水溶液电解，二氧化碳甲烷化的催化剂，双齿碳酸盐吸附

实现全球二氧化碳回收利用的关键材料就是电解水制备氢气的有效阴极和阳极，以及与氢气反应将二氧化碳甲烷化的催化剂。

10.1 电　解　水

电解水生成氢气和氧气，在电解水过程中，阴极析出氢气，阳极析出氧气。水电解示意图如图 10.1 所示。

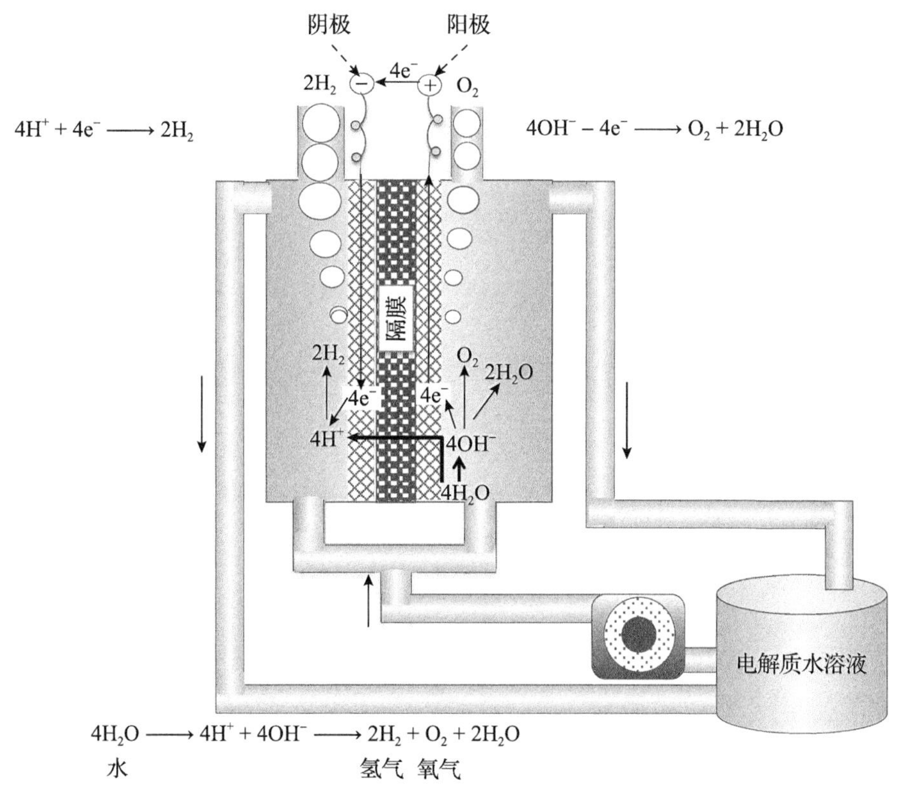

图 10.1　水电解示意图

反应式如下：

$$2H_2O \longrightarrow 2H_2 + O_2 \tag{10.1}$$

我们在电解槽的阳极与阴极之间加入隔膜来分离生成的氢气和

氧气。

部分水分子会离解为氢离子和氢氧根离子，如下所示：

$$H_2O \rightleftharpoons H^+ + OH^- \quad (10.2)$$

在电解槽中带正电的氢离子能够通过隔膜，从而将正电荷从阳极转移至阴极。

阴极上的析氢反应如式(10.3)所示：

$$4H^+ + 4e^- \longrightarrow 2H_2 \quad (10.3)$$

式中，e^-是促进反应的一个电子，通过外部电路从阳极转移至阴极，从阴极供给氢离子。

阳极上的析氧反应如式(10.4)所示。

$$4OH^- - 4e^- \longrightarrow O_2 + 2H_2O \quad (10.4)$$

阳极从每一个氢氧根离子中获取一个电子，通过外部电路转移至阴极，供给氢离子。总反应式如下：

$$4H_2O \longrightarrow 4H^+ + 4e^- + 4OH^- - 4e^- \longrightarrow 2H_2 + O_2 + 2H_2O \quad (10.5)$$

由水电解形成的氢气与氧气的体积比始终为 2∶1。在 25℃条件下，在 pH 不变的缓冲溶液中，通过电解将水分解为氢气和氧气的最小电压为 1.229V，即在含有离子的水溶液即电解质水溶液中，在阴极与阳极之间施加高于 1.229V 电压时，在阳极上从氢氧根离子中获得的电子会通过外部电路移动至阴极，而正电荷主要靠氢离子的泳动进入溶液，穿过隔膜从阳极室移动到阴极室，最终在阴极上生成氢气，在阳极上生成氧气。

氢气和氧气的析出速率与电流，即 1s 内通过的电子数成正比，并遵循电解过程的法拉第定律。特别是工业生产中需要足够高的氢气和氧气的析出率。例如，使用表面积均为 $1m^2$ 的阴极和阳极进行电解，使之通过 6000A 的电流，即电流密度为 $6000A/m^2$，这样就可以在 1h 内从 $1m^2$ 的阴极表面上得到 $2.5Nm^3$ 的氢气，即氢气析出率为 $2.5Nm^3/(m^2h)$，而氧气的产生量为氢气的一半。一定量的气体的体积取决于温度和大气压的大小，因此，我们以符号 N 来表示 0℃和 1 个大气压下的标准气体体积。

为了使用高电流密度以获得足够高的生产率，就需要加大阴极与阳极之间的电压。产生气体所消耗的能量为电流与电压的乘积，就是功率即瓦特数。因此，必须把工业电解时阳极和阴极之间超过 $6000A/m^2$ 电流密度时的电压降到最低，我们的目标是在 $6000A/m^2$ 下使用 1.8V 电压，此时每产生 $1Nm^3$ 氢气消耗的功率为 4.3kWh。因此，要在 $6000A/m^2$ 的电流密度下得到 1.8V 的电压，则需要在电解槽的阳极与阴极之间放置隔膜以分离氢气和氧气。如果使用活性较低的阴极和阳极来产生氢气和氧气，则需要更高的电压，从而增加了不必要的能耗。因此，对于工业电解来说，最重要的是使用活性阳极和阴极。

10.1.1 海水直接电解

在全世界范围内，并非总能找到足够多的淡水进行电解制取氢气，因此，我们首先考虑直接电解海水制取氢气。

10.1.1.1 海水电解的阴极

我们使用一种简单的电沉积法成功地制备了具有高活性的 Ni-Fe-C 合金阴极[1]。产生氢的反应[式(10.3)]消耗氢离子，氢离子的生成是水离解的结果(式 10.2)，因此氢离子的消耗使得氢氧根离子留在阴极表面附近。氢氧根离子浓度的增加使得溶液碱性增强。在中性的海水中，很难通过水电离[式(10.2)]的逆反应给氢氧根离子提供氢离子以生成水。并且，氢氧根离子在阴极周围迅速浓缩，阴极附近的 pH 迅速增加，形成碱性水溶液，因此阴极的性能试验是在 90℃下的 8mol/L NaOH 碱性溶液中进行的。

图 10.2 显示了在 90℃下 8mol/L NaOH 溶液中，使用镍和铁

及其合金电极电解制氢的电流密度与外加电压之间的关系[1]。如图 10.1 电解模式图所示，在制氢过程中[式(10.3)]，阴极将带负电的电子供给带正电的氢离子。为了描述电流密度和外加电压之间的关系，将制氢电压记为负数。相反，在制氧过程中[式(10.4)]，阳极从带负电的氢氧根离子中取出电子，因此制氧电压记为正数。

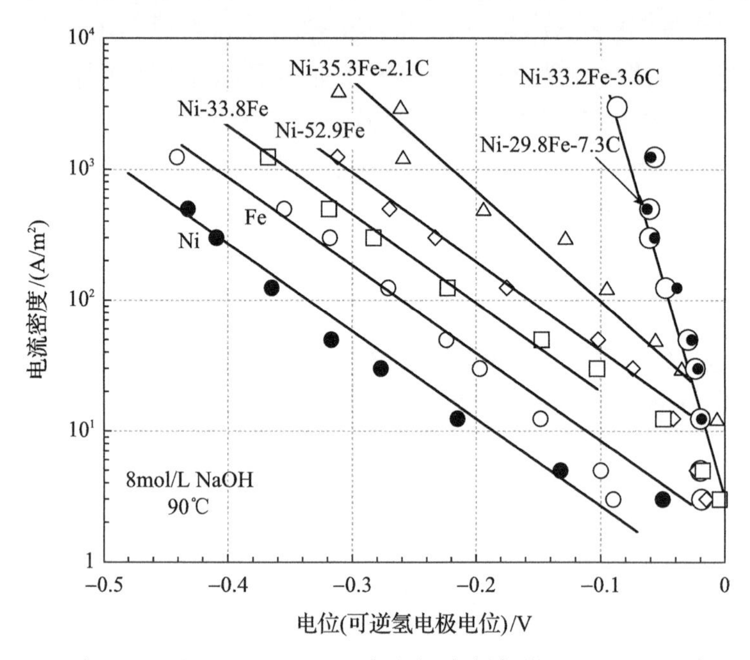

图 10.2 在 90℃下 8mol/L NaOH 中电解水制氢的一些金属和合金上的电流密度与氢析出电位之间的关系

从图 10.2 中清晰可见，电流密度的对数与外加电压存在线性关系，电流密度即制氢速率增加一个数量级，则需要外加电压线性增加。当制氢反应速率由电极表面反应速率决定，而不是由诸如反应物从溶液向电极表面的迁移速率等其他因素决定时，如果电解过程中产生氢气的电化学机理不随外加电压的改变而改变，那么电流密度 i 与外加电压 E 在 1s 内产生氢气的电化学反应方程式表示如下。

$$i/F = K\exp(E/\beta) \tag{10.6}$$

式中，F 是法拉第常数；K 是与反应物质浓度，如氢离子浓度相关的常数；β 也是一个常数，取决于电化学反应机理和反应温度，特别是电解液的温度。我们知道电流密度的对数与外加电压存在线性关系，这样电流密度增加一个数量级，则电压增加 $\partial E / \partial \lg i$ 就被称为塔费尔斜率，单位用 V/decade 表示：

$$\partial E / \partial \lg i = 2.303\beta V/\text{decade} \tag{10.7}$$

式中，2.303 是将自然对数 $\ln i$ 转换至以 10 为底的常用对数 $\lg i$ 的转换系数。

众所周知，镍是一种稳定的电极，但需要较高的外加电压来获得高的制氢效率，即需要较高的电流密度。这就意味着镍的析氢活性较低，在镍阴极上制取氢气需要更高的耗电量。然而，在一定的外加电压下，铁的电流密度比镍高，而镍铁合金 Ni-Fe 的电流密度更高。因此，铁比镍的析氢活性高，而镍铁合金具有更高的析氢活性。虽然它们在一定的外加电压下的电流密度不同，但对于这些阴极来说，要使电流密度增加一个数量级，外加电压就需要增加约 150mV。因此，镍、铁和镍铁合金的塔费尔斜率约为–150mV/decade。

$$\partial E / \partial \lg i \approx -150\text{mV/decade} \tag{10.8}$$

在一定的外加电压下，二元镍铁合金中铁含量的增加导致电流密度增加，但塔费尔斜率并不随镍铁合金中铁含量的增加而改变。

相反，在阴极中当铁和碳同时添加到镍中形成 Ni-Fe-C 合金时，制氢的活性会显著提高。如果将添加了足够量碳的 Ni-Fe-C 合金的外加电压增加 100mV，则电流密度增加约三个数量级。因此，塔费尔斜率约为–33mV/decade。

$$\partial E / \partial \lg i \approx -33\text{mV/decade} \tag{10.9}$$

塔费尔斜率的变化是由析氢反应机理发生变化导致的，因而我们对析氢反应机理进行了详细的研究[2]。析氢反应不是通过单一反应[式(10.3)]发生的，而是通过两个要素的系列反应发生的。第一个反应[式(10.10)]是氢离子放电，即 H^+从阴极金属接受一个电子形成吸附在阴极表面的氢原子，即 H_{ads}：

$$H^+ + e^- \longrightarrow H_{ads} \tag{10.10}$$

随后的反应为两个吸附氢原子结合生成氢分子[式(10.11)]：

$$2H_{ads} \longrightarrow H_2 \tag{10.11}$$

或在一个吸附氢原子旁由氢离子放电后生成一个氢分子[式(10.12)]：

$$H^+ + e^- + H_{ads} \longrightarrow H_2 \tag{10.12}$$

总反应要通过一系列要素反应发生，那么总反应速率就由最慢的要素反应速率所决定。这个最慢的要素反应被称为反应速率控制步骤。研究化学反应的目的之一是如何加快速率控制步骤阶段的化学反应。

当氢离子的放电反应为速率控制步骤时[式(10.10)]，则总反应的动力学方程式如下所示：

$$i/F = k_{13}[H^+]\exp\left(-\frac{FE}{2RT}\right) \tag{10.13}$$

式中，i 为电流密度；E 为外加电压；F 为法拉第常数；k_{13} 为正向反应[式(10.10)]的速度常数；$[H^+]$对应于 pH 的氢离子活度；R 为气体常数；T 为绝对温度。

因为

$$-\lg[H^+] = \text{pH} \tag{10.14}$$

所以，如果溶液的 pH 不变，那么$[H^+]$不变，则 90℃时的塔费尔斜率$\partial E/\partial \lg i$ 就如式(10.15)所示：

$$\partial E/\partial \lg i = -2.303 \times 2RT/F = -144\text{mV/decade} \tag{10.15}$$

$$\approx -150\text{mV/decade} \tag{10.8}$$

该值几乎与镍、铁和 Ni-Fe 合金的塔费尔斜率[式(10.8)]相同，因此镍、铁和 Ni-Fe 合金上的析氢速率控制步骤就是氢离子的放电反应[式(10.10)]。由于氢离子在镍、铁和 Ni-Fe 合金上的放电[式(10.10)]比速度快的反应式(10.11)或式(10.12)慢得多，所以需要较高的电流密度，即要想获得高的析氢速率就需要高的外加电压。如图 10.2 所示，在一定的外加电压下，铁的电流密度高于镍，而 Ni-Fe 合金的电流密度又高于铁。因此，氢离子在铁阴极上的放电比在镍阴极上快，而在 Ni-Fe 合金上进一步加快了氢离子的放电速度。然而，仅通过使用 Ni-Fe 合金来加速氢离子的放电反应，从而将速率控制步骤从氢离子的放电反应式(10.10)改变为更快的反应式(10.11)或式(10.12)，实际上并不充分。

如果我们能改进电极，把氢离子的放电反应式(10.10)加速到比反应式(10.11)或式(10.12)更快，那么速率控制步骤就将是反应式(10.11)或式(10.12)。

如果反应式(10.11)是速率控制步骤，则全反应的动力学方程式如下：

$$i/F = k_{16}[\mathrm{H}^+]^2\exp\left(-\frac{2FE}{RT}\right) \qquad (10.16)$$

式中，k_{16} 是速度常数，它包括式(10.10)和式(10.11)的正向反应的速度常数和式(10.10)的逆向反应的速度常数，因为当反应式(10.11)是速率控制步骤时，反应式(10.10)的正向和逆向反应处于平衡状态。当反应式(10.11)是速率控制步骤时且溶液的 pH 不变时，90℃下的塔费尔斜率就如式(10.17)所示：

$$\partial E / \partial(\lg i) = -2.303 \times RT/(2F) = -36\mathrm{mV/decade} \qquad (10.17)$$

$$\approx -33\mathrm{mV/decade} \qquad (10.9)$$

因此，如果两个被吸附的氢原子结合形成氢分子的反应式(10.11)是速率控制步骤时，在 90℃时塔费尔斜率为-36mV/decade。该值几乎与 Ni-Fe-C 合金的塔费尔斜率式(10.9)相同。因此，向镍中加入足够量的铁和碳后，氢离子放电反应式(10.10)的速度显著增加，速率控制步骤从氢离子放电反应式(10.10)变成两个吸附氢原子结合形成氢分子的反应式(10.11)，电解制氢显著加速。

另外，反应式(10.12)是速率控制步骤时，则动力学方程如式(10.18)所示：

$$i/F = k_{18}[H^+]^2 \exp\left(-\frac{3FE}{2RT}\right) \tag{10.18}$$

式中，k_{18} 是速率常数，它包括式(10.10)和式(10.12)的正向反应的速率常数和式(10.10)的逆向反应的速率常数。当反应式(10.12)是速率控制步骤且溶液的 pH 值不变时，90℃下的塔费尔斜率就如式(10.19)所示。

$$\partial E / \partial \lg i = -2.303 \times 2RT/(3F) = -48\text{mV/decade} \tag{10.19}$$

因此，如果吸附氢原子旁边的一个氢离子放电并与之结合形成氢分子，式(10.12)是速率控制步骤时，那么在 90℃下塔费尔斜率为 –48mV/decade，但这不是我们需要的情况。而速率控制步骤是两个吸附的氢原子结合生成氢分子的反应式(10.11)时，塔费尔斜率最小，从析氢反应机理来看具有最高的活性，因此，制氢可以用最低的电力消耗快速实现。总之，我们制备的 Ni-Fe-C 合金阴极具有最高的制氢活性。

如图 10.2 所示，在一定的外加电压下，铁阴极的电流密度高于镍阴极，Ni-Fe 合金阴极的电流密度更高于铁阴极。由于在镍、铁和 Ni-Fe 合金阴极上，氢生成的速率控制步骤是氢离子[式(10.10)]的放电反应，所以从铁阴极到氢离子的电子转移比从镍阴极到氢离子的电子转移快，而从 Ni-Fe 合金阴极到氢离子的电子转移速度更快。氢离子的放电是通过负电荷即电子从阴极转移到氢离子而发生的，如果改变阴极成分使负电荷更容易从阴极转移到氢离子，则氢离子的放电将变得更快。给予氢离子一个电子的原子，它的价电子状态会影响氢离子的电子转移，而原子的价电子状态由内层电子结合能表征，因此，我们采用 X 射线光电子能谱 XPS 研究了内层电子的结合能[1]。如图 10.3 所示，Ni-Fe 合金的形成导致了 Ni $2p_{3/2}$ 内层电子结合能的增加和 Fe $2p_{3/2}$ 内层电子结合能的降低。作为 Ni-Fe 合金形成的结果，镍原子中的一部分价电子转移到铁原子，因此，由于合金形成导致外层电子部分损失，镍原子核对 Ni $2p_{3/2}$ 内层电子的吸引力加强，而铁原子核对 Fe $2p_{3/2}$ 内层电子的吸引力减弱，因为原子核的吸引力必须与来自镍的部分电子共享。这导致 Ni $2p_{3/2}$ 电子的结合能升高，而 Fe $2p_{3/2}$ 电子结合能降低。如图 10.2 所示，在一定电位下发生析氢反应时，铁阴极上的电流密度高于镍阴极，这表明从铁到氢离子的电子转移比从镍到氢离子的电子转移更快。Ni-Fe 合金的形成导致了从 Ni 到 Fe 的电荷转移，因此从 Ni-Fe 合金阴极中的 Fe 到氢离子的电荷转移变得比从 Fe 阴极到氢离子的电荷转移快，Ni-Fe 合金阴极上的析氢电流密度比 Fe 阴极上的要高。

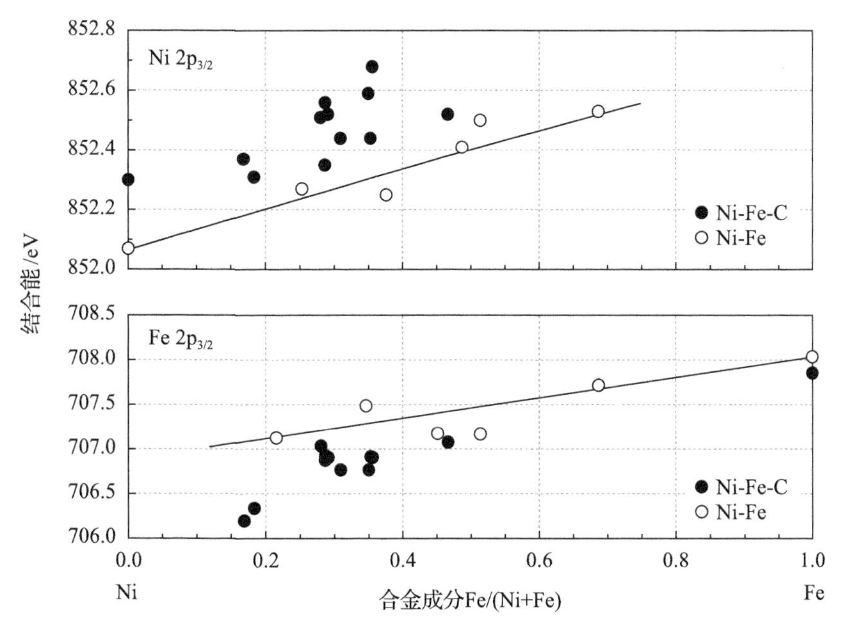

图 10.3　Ni-Fe 及 Ni-Fe-C 合金的形成与 Ni $2p_{3/2}$ 和 Fe $2p_{3/2}$ 电子结合能的改变

如图 10.3 所示，通过向 Ni-Fe 合金中添加碳形成 Ni-Fe-C 合金，可以进一步增加 Ni $2p_{3/2}$ 电子的结合能，并进一步降低 Fe $2p_{3/2}$ 电子的结合能。这意味着通过 Ni-Fe-C 合金的形成，进一步增强了从 Ni 原子到 Fe 原子的电荷转移。因此，从 Fe 原子到氢离子的电荷转移进一步加速，并且氢离子的放电反应[式(10.10)]变得比两个吸附氢原子的结合反应[式(10.11)]更快。

因此，我们成功地通过电沉积法制作了具有最高理论析氢活性的 Ni-Fe-C 合金阴极。进而，我们制作了更好的 Co-Ni-Fe-C 合金阴极，其析氢机理与 Ni-Fe-C 合金基本相同[3]。

10.1.1.2 海水电解的阳极

在直接电解海水用的阳极上存在一个很大的难题，就是因为海水是 NaCl 水溶液，当电解质溶液中存在氯离子时，电解会导致在阳极上生成氧气反应[式(10.4)]的同时发生氯气的生成反应：

$$2Cl^- - 2e^- \longrightarrow Cl_2 \tag{10.20}$$

尽管在 25℃时氧气生成反应[式(10.4)]的平衡电位比氯气生成反应[式(10.20)]的平衡电位低 0.13V，但在较高的外加电压下，由于氧气生成需要 4 电子参与反应，而氯气的生成是 2 电子参与反应，因此在高电解电位下氯气的生成占优势。在氯碱工业中通常采用浓氯化钠溶液电解工艺，在阳极上制取氯气，在阴极上生产 NaOH 和氢气。NaCl 水溶液中存在 Na^+、Cl^-、H^+和 OH^-，如果氢气析出[式(10.3)]与氯气析出反应[式(10.20)]发生，则残留的 Na^+和因析氢反应在阴极附近留下的 OH^-在阴极上就会形成 NaOH：

$$Na^+ + OH^- \longrightarrow NaOH \tag{10.21}$$

氯碱工业是在阴极上生产 NaOH，在阳极上生产 Cl_2，阴极上产生的 H_2 是一种副产品。而且，氯碱工业电解过程中，在阴极室与阳极室之间设置隔膜以分离阳极上产生的 Cl_2 和阴极上产生的 H_2。

此外，工业上直接电解海水还用于生产 NaClO，NaClO 用于在发电站等工厂取水口对冷却海水进行消毒灭菌，防止海洋生物堵塞冷却系统。在此类海水电解过程中，不使用隔膜分离 Cl_2 和 H_2，以便尽可能缩小阳极和阴极之间的间隙，则可通过阴极上生成的 NaOH 和阳极上生成的 Cl_2 直接反应生成 NaClO：

$$2NaOH + 2Cl_2 \longrightarrow NaClO + NaCl + H_2O \tag{10.22}$$

总之，在工业 NaCl 水溶液电解过程中，无论是生产 NaOH 的氯碱工业，还是通过直接电解海水对海水进行消毒灭菌的工艺过程，NaCl 水溶液的电解产物都是相同的，即在阴极上产生 NaOH 和 H_2，在阳极上产生 Cl_2。

在大规模生产 H_2 的海水直接电解过程中，不允许产生与 H_2 等量的 Cl_2。因此，我们需要一种在海水直接电解过程中只产生 O_2，而不产生 Cl_2 的阳极。O_2 的生成反应[式(10.4)]和 Cl_2 的生成反应[式(10.20)]是竞争反应，因而，何种反应优先发生取决于阳极材料。

反应式(10.4)和式(10.20)都发生在强氧化条件下，在含氯离子溶液中，除铂族贵金属以外的普通金属阳极在这种氧化条件下都会遭到腐蚀而劣化。而在含有氯离子的溶液中使用铂族贵金属作为阳极时，因其耐腐蚀性优越而不被腐蚀，但是，优先反应不是氧气的生成，而是氯气的生成。因此，我们的第一个目标是制作一种新型阳极，使得在海水直接电解过程中，在该阳极上只产生氧气而不产生氯气。

在海水电解工业中，为了生产 NaClO，通常将 IrO_2 涂覆在钛基板上制作 IrO_2/Ti 阳极来制取氯气，这种阳极 IrO_2 电极催化剂具有很高的活性，可通过 NaCl 水溶液电解来生产所需的 Cl_2。在用于海水灭菌的实用海水电解过程中，由于海水含有 Mn^{2+}，Mn^{2+}会以 MnO_2 的形式沉积在阳极表面，使 Cl_2 的生成效率降低。MnO_2 在 IrO_2/Ti 阳极表面的沉积减少了 Cl_2 的生成，但却促进了 O_2 的析出。

当使用 IrO_2/Ti 阳极在含有 Mn^{2+}的水溶液中电解产生 Cl_2 或 O_2

时，IrO_2/Ti 阳极表面就会被 MnO_2 覆盖，从而形成了 $MnO_2/IrO_2/Ti$ 阳极。如式(10.23)所示，在含 Mn^{2+}的溶液中，MnO_2 沉积在 IrO_2 / Ti 阳极上：

$$Mn^{2+} + 4OH^- - 2e^- \longrightarrow MnO_2 + 2H_2O \qquad (10.23)$$

例如，使用含有 Ni^{2+}的溶液进行电镀 Ni 时，反应式(10.24)如下：

$$Ni^{2+} + 2e^- \longrightarrow Ni \qquad (10.24)$$

阴极将两个电子传递给一个 Ni^{2+}，从而形成中性 Ni 金属，这就是阴极沉积。反之，在反应式(10.23)中，Mn^{2+}被阳极取出了两个电子，形成了 $Mn^{4+}O_2{}^{2-}$固体，这就是阳极析出。其结果是在所得到的 $MnO_2/IrO_2/Ti$ 阳极中，IrO_2 处于析氧电催化剂 MnO_2 与基材 Ti 之间的中间层，可以防止基板 Ti 的氧化。

因此，为进一步增加在阳极 MnO_2 上的析氧速度，我们尝试了在 $MnO_2/IrO_2/Ti$ 阳极的 MnO_2 中添加各种元素，在 MnO_2 中添加 W[4]或 Mo[5]对增强 NaCl 溶液中的 O_2 析出特别有效。如图 10.4[5]所示，在 pH=8 的 0.5mol/L 的 NaCl 溶液中，以 1000A/m^2 的电流密度进行电解时，若使用 $MnO_2/IrO_2/Ti$ 阳极，则 92%的电力被用于产生 O_2，而 8%的电力被用于产生 Cl_2。但是，当用 Mo^{6+}取代 MnO_2 中的部分 Mn^{4+}时，所得到的 $Mn_{1-x}Mo_xO_{2+x}/IrO_2/Ti$ 阳极显示出了 100%的氧气产生效率。

在 IrO_2/Ti 阳极中，钛基板作为固体金属的作用就是将电流经由电路传递给 IrO_2。因此，电极表面的 IrO_2 可以起到电催化剂的作用，用于在含 Cl^-的水溶液中生成 Cl_2，在不含 Cl^-的水溶液中生成 O_2。Ti 自身不能直接用作任何水溶液电解的阳极，因为在生成 O_2 的阳极氧化性条件下，Ti 金属很容易被生成的活性氧迅速氧化，并被生成的绝缘性 TiO_2 层覆盖，使电流不能通过，导致 Ti 不能从 OH^-或 Cl^-中获取电子。相比之下，IrO_2 具有良好的导电性，因此 IrO_2 覆盖

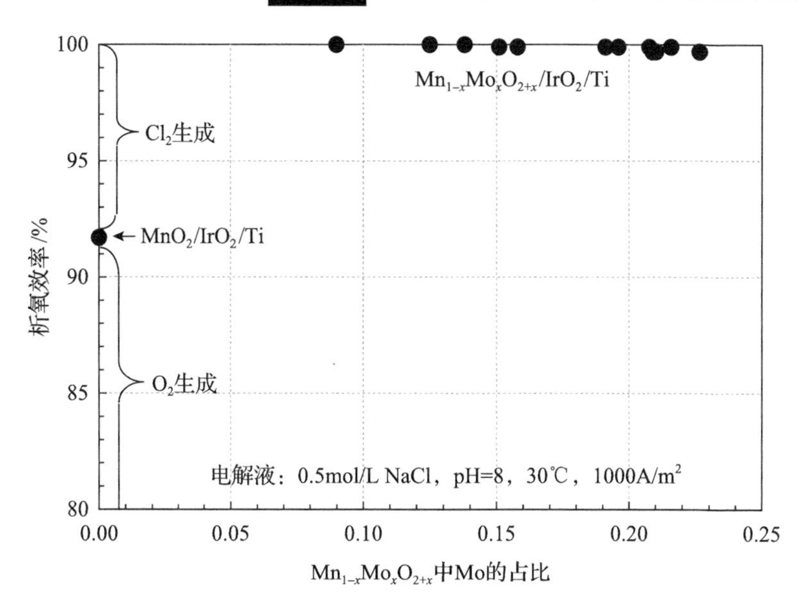

图 10.4　在 pH=8 的 0.5mol/L NaCl 溶液中以 $1000A/m^2$ 电流密度使用 $MnO_2/IrO_2/Ti$ 及 $Mn_{1-x}Mo_xO_{2+x}/IrO_2/Ti$ 阳极电解时的析氧效率[5]

Ti 表面，即 IrO_2/Ti 阳极可以从 Cl^-和 OH^-中获取电子。如果表面的 IrO_2 层足够厚，就可以避免 Ti 被氧化。IrO_2/Ti 阳极不仅用于海水电解中的氯气生成，还可在高电流密度的工业金属电镀中用于没有 Cl^-的水溶液中产生 O_2。例如，在汽车钢板上高速镀镍就是一个例子。

在 IrO_2/Ti 阳极上析出 MnO_2 就形成了 $MnO_2/IrO_2/Ti$ 阳极，那么 IrO_2 就是析氧电极催化剂 MnO_2 和基板 Ti 的中间层。电极表面产生的氧气必须穿过 MnO_2 层和 IrO_2 层才能氧化基板 Ti，所以，IrO_2 层可以抑制 Ti 的氧化。

通过成分设计和优化制备方法，提高了 $MnO_2/IrO_2/Ti$ 阳极的析氧效率和耐久性[6-8]。在海水电解条件下，能够长时间维持析氧效率在 99.9%以上，最有效的电极催化剂是添加 Mo 的同时添加 Sn^{4+}的 $Mn_{1-x-y}Mo_xSn_yO_{2+x}$[7]。图 10.5[8]显示的是在相同成分的溶液中，采用相同的制备方法，并且阳极电催化剂 $Mn_{1-x-y}Mo_xSn_yO_{2+x}$ 也相同，只是中间层不同而得到的阳极性能变化。IrO_2/Ti 阳极是通过在钛基板表面上，涂覆含有 Ir^{4+}的丁醇溶液并在空气中加热使之热分解制备而成。当 IrO_2 层作为中间层使用时，由含 0.52mol/L Ir^{4+}的丁醇溶液制备的 IrO_2 层的 $Mn_{1-x-y}Mo_xSn_yO_{2+x}/IrO_2/Ti$ 阳极性能最好。为了延长阳极的使用寿命，我们在 IrO_2 层中加入 Sn，发现尽管在 0.04mol/L Ir^{4+}-0.06mol/L Sn^{4+}丁醇溶液中 Ir^{4+}的浓度仅为 0.52mol/L Ir^{4+}丁醇溶液的 1/13，但由 0.04mol/L Ir^{4+}-0.06mol/L Sn^{4+}丁醇溶液制备的中间层 $Mn_{1-x-y}Mo_xSn_yO_{2+x}/Ir_{1-z}Sn_zO_2/Ti$ 阳极的性能最好。而且在 $Mn_{1-x-y}Mo_xSn_yO_{2+x}/Ir_{1-z}Sn_zO_2/Ti$ 阳极上，99.9%以上析氧效率的反应可以持续 4200h 以上。

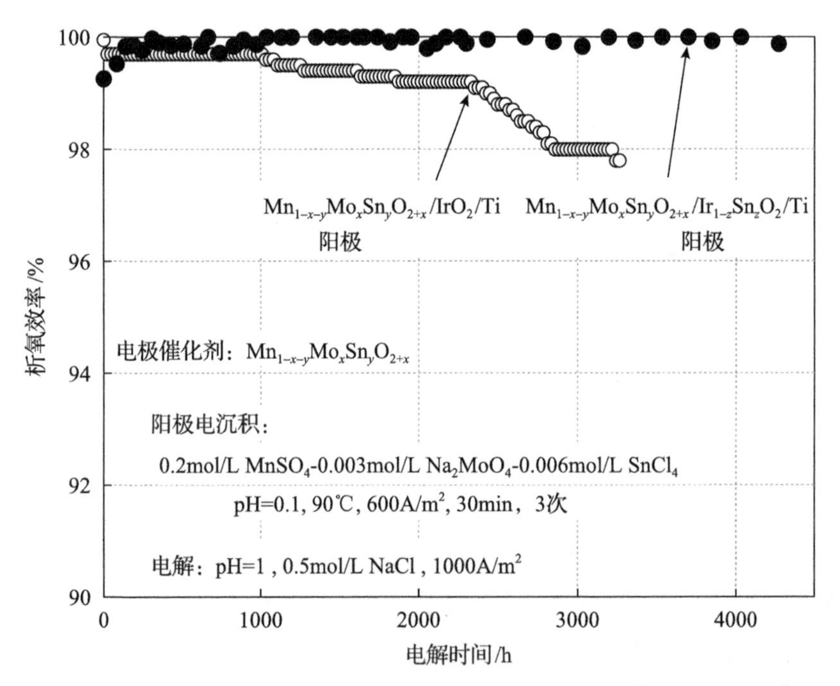

图 10.5　在 pH=1 的 0.5mol/L NaCl 溶液中以 1000A/m^2 的电流密度使用 $Mn_{1-x-y}Mo_xSn_yO_{2+x}/IrO_2/Ti$ 及 $Mn_{1-x-y}Mo_xSn_yO_{2+x}/Ir_{1-z}Sn_zO_2/Ti$ 阳极电解时的析氧效率

如前所述，中间层 IrO_2 可以防止 Ti 基板的氧化。在阳极上电解析氧过程中，在 MnO_2 型氧化物电催化剂表面生成的氧原子的一部分，会穿过 MnO_2 型氧化物层和 IrO_2 层到达 Ti 基板的表面，并在 Ti 基板表面形成 TiO_2 层。制氧过程需要稳定的生产速率，即要保持恒定的电流密度，但由于 TiO_2 的电阻很大，必然导致施加到电解槽的外加电压随着 TiO_2 的生长而增高。在工业电解中，即使保持 99.9% 的析氧效率，也不允许有更高的外加电压，即高的电耗。

为了防止 Ti 在析氧过程中被氧化，在工业化高速镀 Ni 过程中，在 IrO_2/Ti 阳极上使用了较厚的 IrO_2 层。工业镀镍并不属于大工业，因此可以使用较厚的 IrO_2 层。然而，对于全世界范围内的氢能生产而言，大量采用贵金属电极的要求是不切合实际的，而又必须避免由于 TiO_2 的形成而产生的高电耗。

总之，尽管我们开发出了有效的电催化剂，如 $Mn_{1-x-y}Mo_xSn_yO_{2+x}$，在直接电解海水中只析出 O_2 而不产生 Cl_2，但我们还需要进一步改进海水直接电解的阳极。

直接电解海水仍然存在许多问题需要解决，电解制氢产业化却迫在眉睫。因此，我们决定采用热碱性水溶液电解法，开发新的节能型阳极和阴极用于工业制氢。

10.1.2 碱性溶液电解使用的阳极和阴极

与使用上述阳极直接电解海水制氢，以及使用采用了反渗透膜法和离子交换法对海水进行脱盐处理之后的淡水电解制氢相比，电解碱性溶液制氢更为经济可行。用于电解的热浓碱性溶液有多种优点，在强氧化条件下，可以使用镍、钴等耐蚀金属作为阳极材料用于氧气析出，不需要使用铂族贵金属制作阳极。而且使用无机碱性溶液电解，阳极上只生成氧气。特别是热浓 KOH 溶液具有极高的导电性，这是工业电解节能的必要条件。为了迅速实现工业化，我们使用了新研制的阳极和阴极进行热碱性溶液电解。根据 10.1.1.1 节所述，用改良的镍合金制作阴极是非常有效的。除贵金属外，大多数金属在阳极极化条件下会溶于热碱性溶液中，因此只有镍和钴可以作为制作阳极的候选材料。

图 10.6 显示了用于碱性溶液电解的新型阳极和阴极的性能。在 1.8V 的外加电压下，电流密度为 6000A/m^2，在具有最高电导率的

90℃的 4.5mol/L KOH 溶液中成功进行了电解，并且使用隔膜实现了氢气和氧气的分离，我们实现了既定目标。

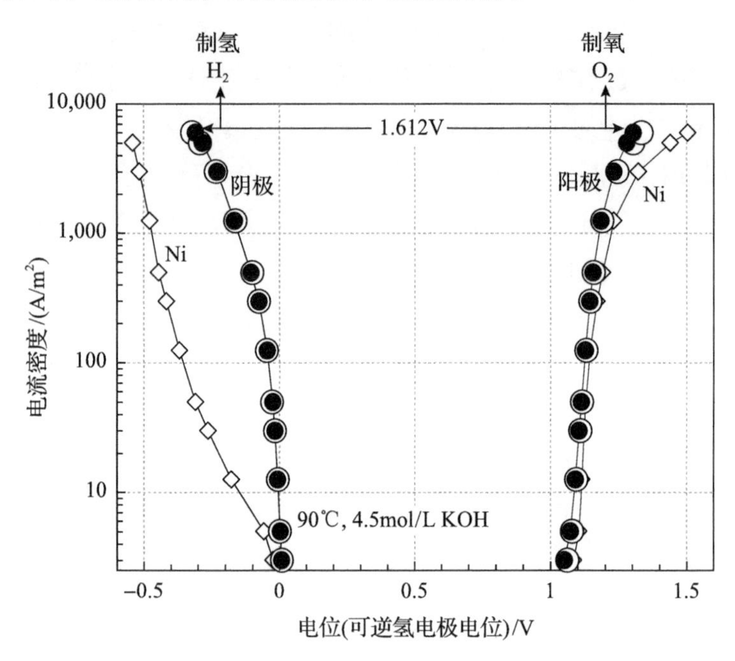

图 10.6　在 90℃的 4.5mol/L KOH 溶液中电解时氢和氧析出电流密度与外加电压之间的关系

实际上，为实现二氧化碳甲烷化，碱性溶液电解用的工业电解装置就采用了这些电极。

10.2　二氧化碳甲烷化的催化剂

CO_2 和 H_2 催化反应生成 CH_4 的反应方程式(10.25)非常简单，即使是初中生也很容易写出：

$$CO_2 + 4H_2 \longrightarrow CH_4 + 2H_2O \qquad (10.25)$$

然而，实际反应在常压下很难发生。当传统催化剂用于常压下 CO_2 和 H_2 的反应时，产物通常不是 CH_4，而是 CO：

$$CO_2 + H_2 \longrightarrow CO + H_2O \tag{10.26}$$

此外，这个反应式(10.26)非常缓慢，CO 分解所形成的 C 沉积很容易污染催化剂，导致反应速率降低，后面还将述及。

因此，我们的目标是在常压下，使用具有 100% CH_4 选择性的催化剂[式(10.25)]快速生成 CH_4，而不产生 CO。当 CO_2 与 H_2 发生催化反应时，CO_2 分子中的一个 O 原子必须吸附在催化剂表面的一个特殊位置上，从而削弱 CO_2 分子中 O 和 C 的结合强度。同时，H 必须吸附在催化剂表面的另一个特殊位置，而且，与在催化剂表面吸附的 CO_2 中的 O 原子近到一个原子大小的范围内，否则，CO_2 分子与 H 原子不会在催化剂表面发生反应。在这种情况下，吸附 H 原子与 CO_2 分子中的吸附 O 原子发生反应，最终促进 CH_4 的生成。一般来说，CO_2 吸附在金属氧化物表面，而 H 则吸附在金属态的金属表面。因此，CO_2 和 H_2 反应生成 CH_4 的催化剂必须由金属氧化物和金属的均匀混合物组成。为了形成金属氧化物和金属的均匀混合物，我们使用合金作为催化剂的前驱体。在这些合金中，部分合金成分在 CH_4 生成的环境中很容易被氧化，而其他成分则保留金属态。

如反应式(10.25)所示，1 体积 CO_2 和 4 体积 H_2 的混合物组成了反应气体，向右进行的正向反应[式(10.25)]是放热反应，因为放热反应会释放热量，所以较低的温度有利于正反应的进行，即所有的 CO_2 转化为 CH_4，但是温度越低，反应速度就越慢。工业上需要在更高的温度下快速生产 CH_4，而逆反应是吸热反应，温度越高越容易发生，因此最佳的反应温度为 250～500℃。

在 250～500℃的 CO_2 和 H_2 的混合气体中，Ti、Zr、Nb 和 Ta 等易被氧化的金属变成氧化物，而 Ni 等不易被氧化的金属则保留金属态。这样，我们就选择使用 Ti、Zr、Nb、Ta 与 Ni、Co、Fe 的合金作为催化剂前驱体。诸如 Ni-Ti、Ni-Zr、Ni-Nb、Ni-Ta、Co-Ti、Co-Zr、Co-Nb、Co-Ta、Fe-Ti、Fe-Zr、Fe-Nb 及 Fe-Ta 等一系列合金。我们通过将原子均匀混合的这些熔融合金急冷凝固制备了单相固溶体合金，因为这些合金不具有晶体结构，所以被称为非晶合金。这些合金在空气中被氧化，在 H_2 中被还原，因此就得到了 Ni-TiO_2、Ni-ZrO_2、Ni-Nb_2O_3、Ni-Ta_2O_3 等金属-金属氧化物混合物。

图 10.7[9]所示为管式气体反应器出口气体脱水后的气体分析结果，反应气体是 20%CO_2 和 80% H_2 的混合气体，流速为每 1g 催化剂 1h 通过 0.9L 的混合气体。由图中清晰可见，当使用 Ni-40Zr 合金制备的催化剂时，CO_2 的转化率特别高。

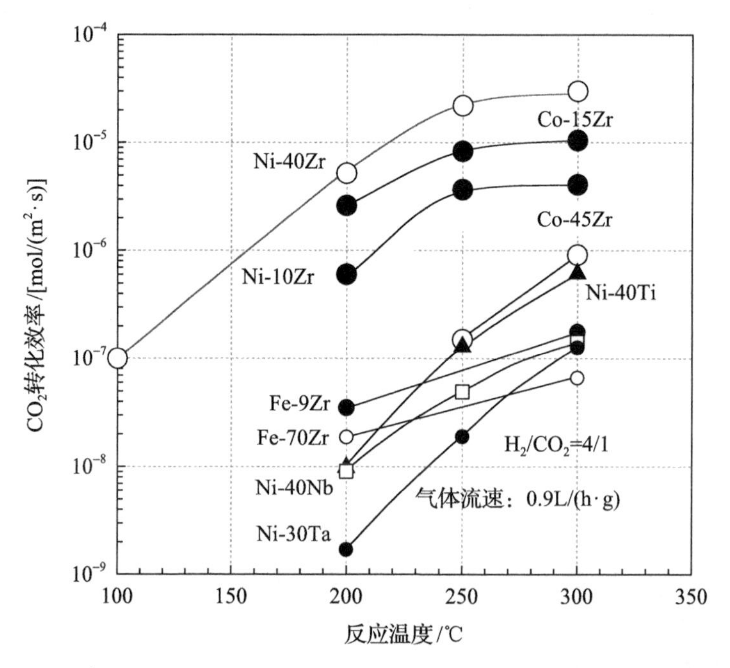

图 10.7　在 1g Ni-ZrO_2、Co-ZrO_2、Fe-ZrO_2、Ni-TiO_2、Ni-Nb_2O_3 或 Ni-Ta_2O_3 催化剂上以 0.9L/h 流速通过体积比为 4∶1 的 H_2 和 CO_2 的混合气体时的 CO_2 转化效率

图 10.8[9]是反应产物的分析结果，可见 Ni-40Zr 合金催化剂的甲烷选择性接近 100%，不到 1%的微量副产物为乙烷，而使用 CO_2 转化率低的催化剂时，主要产物是 CO。因此，使用 Ni-40Zr 合金制备的 Ni-ZrO_2 型催化剂是二氧化碳甲烷化最理想的催化剂。

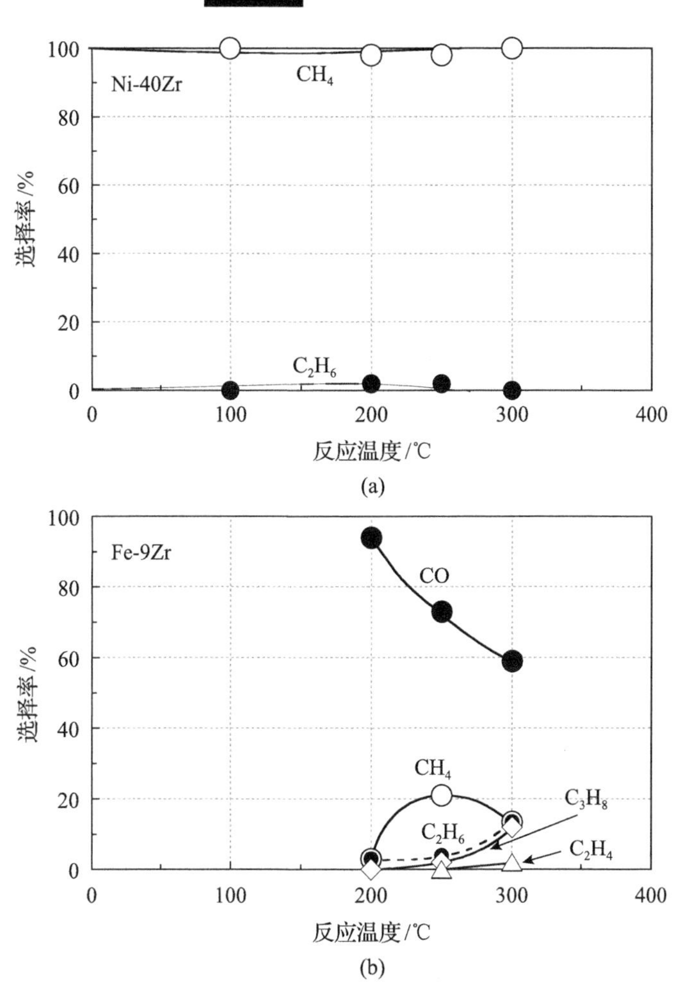

图 10.8 在 1g Ni-ZrO_2 及 Fe-ZrO_2 催化剂上以 0.9L/h 流速通过体积比为 4∶1 的 H_2 和 CO_2 混合气体时的反应产物分析结果

通过上述的详细研究，阐明了由 Ni-Zr 合金制备 Ni-ZrO_2 型催化剂的独有特征[10,11]。如图 10.9[10]所示，使用改变 Ni 含量的 Ni-Zr 合金制作了一系列催化剂，结果表明使用中等程度 Ni 含量的二元 Ni-Zr 合金制备的催化剂活性最大。另外，纯 ZrO_2 在催化剂制备和甲烷化反应温度下的稳定晶体结构是单斜晶。然而，使用 Ni-Zr 合金制备的催化剂中同时存在单斜晶和四方晶 ZrO_2。

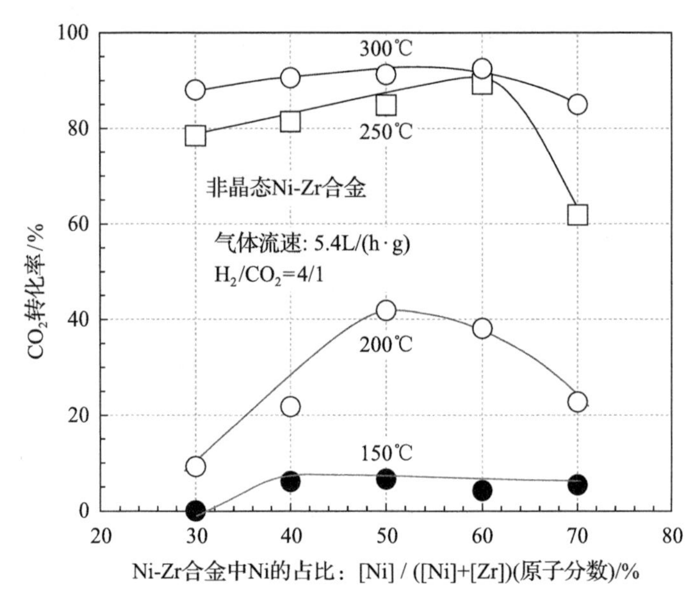

图 10.9　在 1g 催化剂上以 5.4L/h 流速通过体积比为 4:1 的 H_2 和 CO_2 混合气体时 Ni-Zr 合金催化剂前驱体中 Ni 含量与二氧化碳甲烷化转化率的关系

如图 10.10[10]所示，四方晶 ZrO_2 的相对含量随着 Ni-Zr 合金中 Ni 含量的增加而增加。随着 Ni-Zr 合金中 Ni 含量的增加，由于 Ni 原子的凝聚减少了表面 Ni 原子的分散，导致表面有效 Ni 原子数量减少，但是，转化数即 1s 内在 1 个表面 Ni 原子上生成的 CH_4 分子数在增加。因此，增加 Ni-Zr 合金中的 Ni 含量能同时增加四方晶 ZrO_2 的相对含量和 CH_4 分子的转化数，从而提高了甲烷化反应的催化活性。事实上，中等 Ni 含量的 Ni-Zr 合金催化活性最高，这与催化剂中四方晶 ZrO_2 含量最大相对应。然而，进一步增加 Ni-Zr 合金前驱体中的 Ni 含量时，虽然四方晶 ZrO_2 与单斜晶 ZrO_2 之比增加，但同时降低了 ZrO_2 的总量，影响形成四方晶 ZrO_2。因此，在四方晶 ZrO_2 含量最高时，CO_2 甲烷化活性最高，表明 Ni-四方晶 ZrO_2 是有效的催化剂。

实际上，四方晶 ZrO_2 并不是纯的 ZrO_2，因为在 Ni-Zr 合金氧化形成的 ZrO_2 晶体中，一部分 Ni^{2+} 会嵌入 ZrO_2 晶格中。ZrO_2 由一个

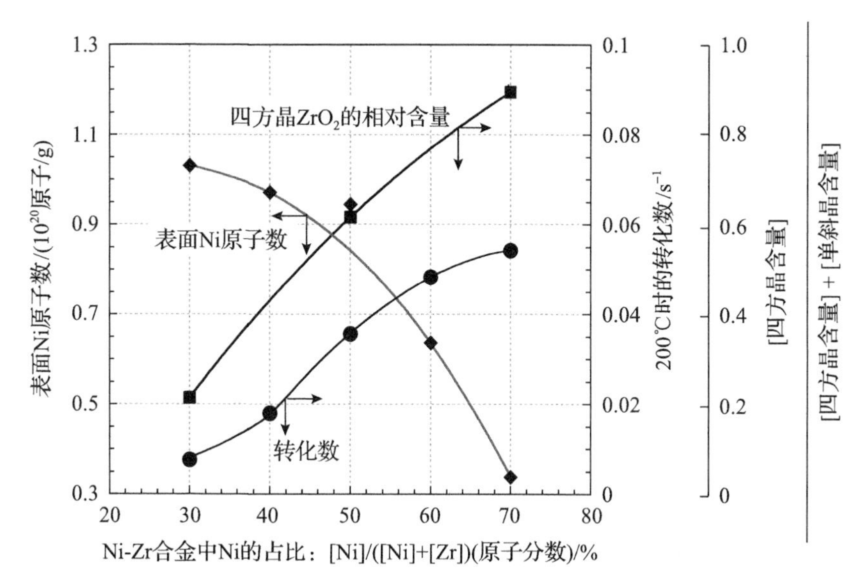

图 10.10 表面 Ni 原子数、每 1 个表面 Ni 原子上生成 CH_4 的转化数及四方晶 ZrO_2 相对量随 Ni-Zr 合金催化剂前驱体中 Ni 含量的变化[10]

Zr^{4+}和两个 O^{2-}组成，而 NiO 由一个 Ni^{2+}和一个 O^{2-}组成。在 ZrO_2 晶格中，当四价的 Zr^{4+}被二价的 Ni^{2+}取代时，ZrO_2 型氧化物中 O^{2-} 的数量就小于 2，而不足 2 个 O^{2-}的量与 ZrO_2 晶格中的 Ni^{2+}数量相等，其结果导致了 ${Zr^{4+}}_{1-x}{Ni^{2+}}_xO_{2-x}$ 的形成。在 ZrO_2 型氧化物晶体中，O^{2-}不足时称之为氧空位。这样形成的 ${Zr^{4+}}_{1-x}{Ni^{2+}}_xO_{2-x}$ 是单相，其中 x 相当于 ZrO_2 晶格中的氧空位数量。由于 ZrO_2 型氧化物晶格中存在氧空位，因此，单斜晶结构不稳定，最终生成的是具有稳定结构的四方晶 ZrO_2 型氧化物。

众所周知，四方晶 ZrO_2 型氧化物中的氧空位对环境中的氧具有很强的吸引力。例如，四方晶 ${Zr^{4+}}_{1-y}{Y^{3+}}_yO_{2-0.5y}$ 在加热到 250℃左右的水蒸气中会因吸收 H_2O 而变重，被吸收的 H_2O 的摩尔数与氧空位的数量相同，因此，其结果是四方晶 ${Zr^{4+}}_{1-y}{Y^{3+}}_yO_{2-0.5y}$ 转化为单斜晶结构[12,13]，关于转化的细节会在后面解释。

四方晶 ZrO_2 型氧化物中的氧空位对 CO_2 中的 O 有很强的亲和力，促进了 CO_2 的吸附。这就是 Ni-四方晶 ZrO_2 型氧化物催化剂能

够有效促进 CO_2 和 H_2 反应生成 CH_4 的原因。

关于这一点，高野[14]采用扩散反射红外光谱法，研究了体积比为 4∶1 的 H_2 和 CO_2 的混合气体在 Ni-四方晶 ZrO_2 型氧化物催化剂上的甲烷化反应，确认了双齿碳酸盐和双齿甲酸盐为中间体，并绘制了在 Ni-四方晶 ZrO_2 型氧化物催化剂上 CO_2 转化为 CH_4 的过程示意图，如图 10.11 所示[14]。双齿碳酸盐的发现表明，二氧化碳甲烷化的催化剂必须具备在其表面双齿吸附 CO_2 的能力。还有，中间体双齿甲酸盐的发现表明从双齿甲酸盐向甲醛的转化速率慢，这样甲醛的生成反应就是反应速率控制步骤。为了实现 CO_2 分子的双齿吸附，在催化剂表面上必须有能够吸附二氧化碳分子中的一个氧原子的点位，同时，催化剂表面还必须提供一个能够吸附二氧化碳分子中的一个碳原子的氧原子并与之结合。如图 10.11 所示，四方晶 ZrO_2 型氧化物中的氧空位可以吸附 CO_2 分子中的一个 O 原子，同时，CO_2 分子中的 C 原子可以吸附到四方晶 ZrO_2 型氧化物中的 O 原子上，从而完成双齿碳酸盐的吸附。Ni-四方晶 ZrO_2 型氧化物催化剂

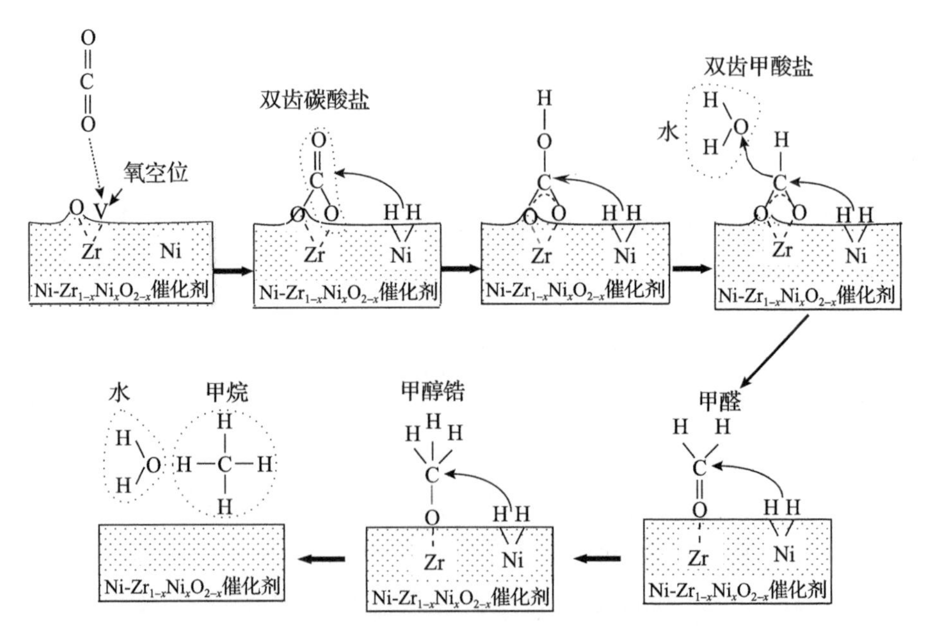

图 10.11 在 Ni-ZrO_2 型催化剂上 CO_2 与 H_2 反应转化为 CH_4 的过程示意图[14]

确实是为 CO_2 的双齿吸附提供了位置的物质。因此，双齿碳酸盐的形成加速了在 Ni-ZrO_2 型催化剂上 CO_2 与 H_2 反应生成 CH_4 和 H_2O 的进程。

由于已经清楚地知道了四方晶 ZrO_2 型氧化物的作用，可以期待通过增加四方晶 ZrO_2 型氧化物的相对含量，进一步提高催化活性。在 Ni-Zr 合金中，Ni 含量增加可以使四方晶 $Zr^{4+}{}_{1-x}Ni^{2+}{}_{x}O_{2-x}$ 的相对含量增加，但是，一旦增加 Ni 含量就会减少表面 Ni 原子的分散性，还降低了含有四方晶 $Zr^{4+}{}_{1-x}Ni^{2+}{}_{x}O_{2-x}$ 的 ZrO_2 型氧化物的绝对量。因此，必须在不增加催化剂中 Ni 含量的前提下，增加四方晶 ZrO_2 型氧化物的含量。以上述 $Zr^{4+}{}_{1-y}Y^{3+}{}_{y}O_{2-0.5y}$ 为例，可以通过在晶格中添加含有被氧化的稀土元素（RE）使四方晶 ZrO_2 型氧化物稳定化。因此，我们制备了非晶态 Ni-Zr-稀土元素合金作为催化剂前体[15]。图 10.12[15]显示了稀土元素的添加对提高二氧化碳甲烷化催化活性的影响效果。稀土元素的添加不仅可以稳定四方晶 ZrO_2 型氧化物，还显著提高了二氧化碳甲烷化活性。

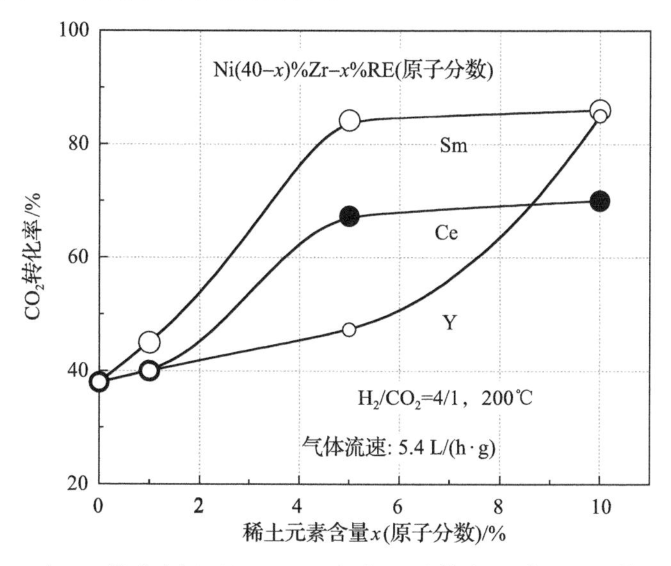

图 10.12　在 1g 催化剂上以 5.4L/h 流速通过体积比为 4：1 的 H_2 和 CO_2 混合气体时 Ni-Zr-Sm、Ni-Zr-Ce 及 Ni-Zr-Y 催化剂前驱体中稀土元素含量对二氧化碳甲烷化转化率的影响

另一方面，生物质气化的结果可以得到一氧化碳、二氧化碳和氢气的混合气体，将这些混合气体转化为甲烷是有效利用生物质的重要方法之一。

CO 的甲烷化反应如下：

$$CO + 3H_2 = CH_4 + H_2O \tag{10.27}$$

但是，当使用 1∶3 体积比的 CO 和 H_2 的混合气体作为反应物，以每 1g 催化剂 1h 通过 5.4L 混合气体的流速进行甲烷化时，一氧化碳甲烷化反应非常缓慢，在常压和 200℃这样的较低温度下反应进程不到百分之几[16]。相反，两个 CO 分子很容易形成一个 CO_2 分子和一个 C 原子[16]。

$$2CO = CO_2 + C \tag{10.28}$$

这种反应被称为歧化反应。反应生成的 C 吸附在催化剂表面上，因此催化活性显著降低。

我们使用模拟气化的混合气体：14.4%CO、13.3%CO_2、64.8%H_2、5.4%N_2、2.1%CH_4 及约 0.01ppm H_2S 进行甲烷化研究，发现其中 H_2 的量不足以使 CO_2 和 CO 完全甲烷化[16]。如图 10.13 所示，尽管在体积比为 3∶1 的 H_2 和 CO 的混合气体中几乎不发生 CO 的转化，但是在 200℃下出口气体中并未发现如上所述的 CO。如式(10.25)所示，二氧化碳甲烷化除生成 CH_4 之外还生成了水蒸气，由于在含有 CO 的混合气体中形成了水蒸气，那么 CO 就会与水蒸气反应转化为 CO_2 和 H_2。

$$CO + H_2O = CO_2 + H_2 \tag{10.29}$$

这种反应一般被用于增加煤的水蒸气重整气体中的 H 含量，由于气体组成会发生改变，因而被称为水煤气变换反应。如图 10.13 所示，水煤气变换反应是放热反应，使用我们开发的催化剂，在 200℃这样较低的温度下就很容易发生变换反应，由于 CO 转化率为 100%，

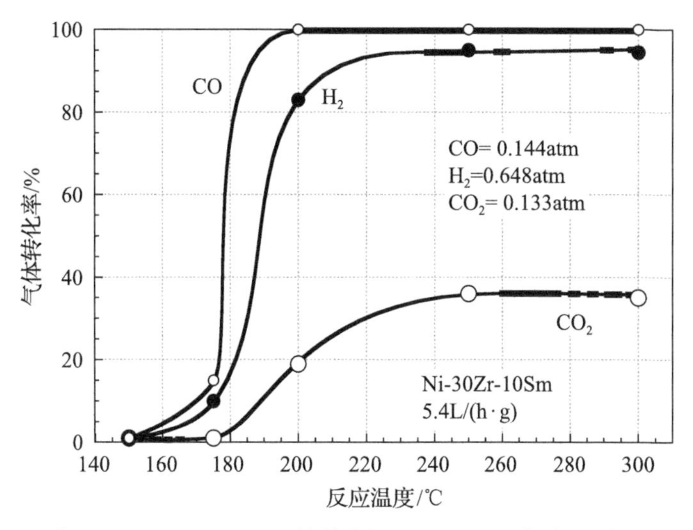

图 10.13 在 1g Ni-30Zr-10Sm 催化剂上以 5.4L/h 流速通过 14.4% CO、13.3% CO_2、64.8% H_2、5.4% N_2、2.1% CH_4 及 0.01ppm H_2S 混合气体时，CO、H_2 和 CO_2 转化率随反应温度的变化[16]

所以在废气中未检测到 CO。因此，在 CO、CO_2 和 H_2 的反应气体混合物中，可以仅通过转化 CO_2[式(10.25)]而形成 CH_4，因为一旦发生二氧化碳甲烷化就伴随着水蒸气的生成，那么 CO 便立即与水蒸气通过变换反应转化为 CO_2 和 H_2[式(10.29)]。因此，在 CO、CO_2 和 H_2 的混合气体中，即使反应气体中的 H_2 量不足以使 CO 和 CO_2 完全转化为 CH_4，但是，在废气中仅检测到 CH_4 和残留的 CO_2，CO 并没有残留在废气中。实际上，生物质气化得到的气体本身就含有水蒸气，生物质气体中的 CO 通过在我们的催化剂上的变换反应立即转化为 H_2 和 CO_2。同理，在我们研制的催化剂上，所有的 CO 首先通过变换反应转化为等量的 H_2 和 CO_2，因此，CH_4 的形成仅通过反应式(10.25)发生，并且 CH_4 的产出量是原料气体混合物中 H_2 和 CO 之和的四分之一。

在图 10.13 所示的情况下，在 250℃和 300℃时 CO_2 转化率似乎仅为 35%，但是，并未检测到 CO。这说明反应气体混合物中的 CO 在我们研制的催化剂上最先通过变换反应转化为 H_2 和 CO_2，接着就

转化为 CH_4。因此，生成的 CH_4 量是原料气体中 CO 的量与原料气体中 35% CO_2 的量的总和，而反应气体混合物中仅残余 5% 的 H_2，但这已经是一段式单个反应器的最大转化率。

另外，在 CO、CO_2 和 H_2 的混合气体中，由于 CO 的变换反应优先发生，所以，不会发生 CO 歧化反应形成 C 沉积在催化剂表面并导致催化活性降低[式(10.28)]。此外，尽管生物质气化生成的气体中始终含有 H_2S，但其仅有约 0.01ppm 的含量也不会影响我们催化剂的催化活性。

在这些研究结果的基础上，我们与两家企业合作建立了工业化中试装置，目的是利用生物质提供 CH_4，其中包括木质生物质的气化和随后的甲烷化。

各种新型非晶合金很容易在实验室小规模快速制备出来，因此用作催化剂前驱体的基础研究非常有效，但不适合催化剂的大规模生产。如前所述，催化剂的先决条件不是合金本身的存在，而是负载于四方晶 ZrO_2 型氧化物上的金属 Ni 的形成。我们以粉末的形式制备了此种催化剂[17,18]。ZrO_2 水溶胶被用作锆源，并将镍盐和稀土元素的盐类溶入其中，干燥后，在 300～650℃的空气中加热焙烧，便得到了含有 NiO、Ni^{2+}和稀土元素阳离子的四方晶 ZrO_2 型氧化物的混合物。在 H_2 流中加热这种氧化物混合物就可以将其表面的 NiO 还原为 Ni，从而制得了由负载在四方晶 ZrO_2 型氧化物上的 Ni 组成的催化剂。这种催化剂粉末的性能几乎与非晶态 Ni-Zr-稀土元素合金催化剂的性能相同。

为了使用资源丰富、价格低廉的元素生产催化剂，用 Ca 代替稀土元素制作了四方晶 ZrO_2 型氧化物催化剂[19,20]。Ca 极易被氧化，通常处于氧化态而不融于熔融合金中，因此，不可能将 Ca 添加到任何金属合金中，但是可以将 Ca 盐添加到 ZrO_2 溶胶中。图 10.14[20] 显示了这样制备的 Ni-Zr-Ca 和 Ni-Zr-Sm 几种催化剂的催化性能。从图中可见，与 Ni-Zr-Sm 催化剂相比，Ni-Zr-Ca 催化剂在二氧化碳甲烷化反应达到化学平衡时显示出更高的活性。此反应的正向反应

[式(10.25)]随着温度升高而加速，但是其最大转化率会受到限制，因为式(10.25)的吸热逆反应也随着温度升高而加速，如图 10.14 中所示，化学平衡曲线的点状线在右侧高温区域出现下降趋势。在 Ni-Zr-Ca 催化剂上 CO_2 向 CH_4 的转化在 400℃以上达到最大化学平衡值。

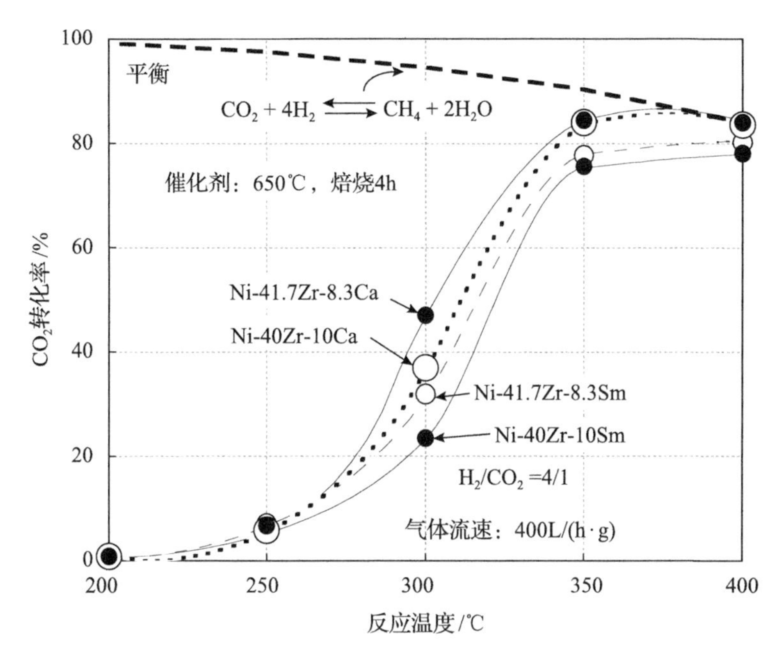

图 10.14 在每 1g Ni-Zr-Ca 及 Ni-Zr-Sm 催化剂上以 400L/h 流速通过体积比为 4∶1 的 H_2 和 CO_2 混合气体时 CO_2 甲烷化的催化性能[20]

如果需要使用大量的稀土类元素和贵金属，则此类技术就很难普及应用。而 Ni-Zr-Ca 催化剂可以在全世界范围内广泛用于 CO_2 的甲烷化。为了广泛使用可再生能源，需要将我们的这些技术推广到世界各地。对于环境友好型产业化技术而言，避免使用大量稀土类元素和贵金属尤其重要。

对于实际的 CH_4 工业化生产，通过使用在常压下运行的两段反应器，就可以轻而易举获得纯度 99%以上的 CH_4。即从第一段反应器的排出气体中除去水分后，将生成的 CH_4 与剩余的 H_2 和 CO_2 的混合气体送入第二段反应器，从第二段反应器的排出气体中除去水分后，就得到了高纯度的 CH_4。

现在，使用这些催化剂且具有两段反应器的工业化二氧化碳甲烷化装置已经制造出来。

参 考 文 献

[1] Meguro S, Sasaki T, Katagiri H, Habazaki H, Kawashima A, Sakaki T, Asami K, Hashimoto K(2000) Electrodeposited Ni-Fe-C cathodes for hydrogen evolution. J Electrochem Soc 147: 3003-3009

[2] Kawashima A, Hashimoto K, Shimodaira S(1976) Hydrogen electrode reaction and hydrogen embrittlement of mild steel in hydrogen sulfide solution. Corrosion 32: 321-332

[3] Zabinski P R, Meguro S, Asami K, Hashimoto K(2006) Electrodeposited Co-Ni-Fe-C alloys for hydrogen evolution in a hot 8 kmol · m^{-3} NaOH. Mater Trans 47(11): 2860-2866

[4] Izumiya K, Akiyama E, Habazaki H, Kumagai N, Kawashima A, Hashimoto K(1998) Anodically deposited manganese oxide and manganese-tungsten oxide electrodes for evolving oxygen from seawater. Electrochim Acta 43: 3303-3312

[5] Fujimura K, Izumiya K, Kawashima A, Habazaki H, Akiyama E, Kumagai N, Hashimoto K(1999) Anodically deposited manganese-molybdenum oxide anodes with high selectivity for evolving oxygen in electrolysis of seawater. J Appl Electrochem 29: 765-771

[6] Abdel Ghany N A, Kumagai N, Meguro S, Asami K, Hashimoto K(2002) Oxygen evolution anodes composed of anodically deposited Mn-Mo-Fe oxides for seawater electrolysis. Electrochim Acta 48: 21-28

[7] El-Moneim A A, Bhattarai J, Kato Z, Izumiya K, Kumagai N, Hashimoto K (2009) Mn-Mo-Sn oxide anodes for oxygen evolution in seawater electrolysis for hydrogen production. ECS Trans 25(40): 127-137

[8] Kato Z, Bhattarai J, Kumagai N, Izumiya K, Hashimoto K(2011) Durability enhancement and degradation of oxygen evolution anode in seawater electrolysis for hydrogen production. Appl Surf Sci 257: 8230-8236

[9] Habazaki H, Tada T, Wakuda K, Kawashima A, Asami K, Hashimoto K(1993) Amorphous iron group metal-valve metal alloy catalysts for hydrogenation of carbon dioxide. In: 10.2 Catalyst for Carbon Dioxide Methanation 75 Clayton CR, Hashimoto K(eds) Corrosion, electrochemistry and catalysis of metastable metals and intermetallics. The Electrochemical

Society, pp 393-404

[10] Yamasaki M, Habazaki H, Yoshida T, Akiyama E, Kawashima A, Asami K, Hashimoto K(1997) Composition dependence of the CO_2 methanation activity of Ni/ZrO_2 catalysts prepared from amorphous Ni-Zr alloy precursors. Appl Catal A General 163: 187-197

[11] Yamasaki M, Habazaki H, Yoshida T, Komori M, Shimamura K, Akiyama E, Kawashima A, Asami K, Hashimoto K(1998) Characterization of CO_2 methanation catalysts prepared from amorphous Ni-Zr and Ni-Zr-rare earth element alloys. Stud Surf Sci Catal 114: 451-454

[12] Narita N(1988) The role of oxygen vacancy in the effect of environments on oxide ceramics, Database of Grants-in-Aid for Scientific Research, Japan, 63550474, 1988. https://kaken.nii.ac.jp/ja/grant/KAKENHI-PROJECT-63550474/

[13] Chevalier J, Gremillard L, Virkar A, Clarke DR(2009) The tetragonal-monoclinic transformation in zirconia: lessons and future trend. J Am Ceramic Soc 92(9): 1901-1920

[14] Takano H(2016) Research and development of Ni/ZrO_2 catalysts for carbon dioxide methanation. Doctoral Thesis, March 2016, Hokkaido University

[15] Habazaki H, Yoshida T, Yamasaki M, Komori M, Shimamura K, Akiyama E, Kawashima A, Hashimoto K(1998) Methanation of carbon dioxide on catalysts derived from amorphous Ni-Zr-rare earth element alloys. Stud Surf Sci Catal 114: 261-266

[16] Habazaki H, Yamasaki M, Zhang B-P, Kawashima A, Kohno S, Takai T, Hashimoto K(1998) Co-methanation of carbon monoxide and carbon dioxide on supported nickel and cobalt catalysts prepared from amorphous alloys. Appl Catal A General 172: 131-140

[17] Habazaki H, Yamasaki M, Kawashima A, Hashimoto K(2000) Methanation of carbon dioxide on Ni/(Zr-Sm) Ox catalysts. Appl Organometallic Chem 14: 803-808

[18] Takano H, Izumiya K, Kumagai N, Hashimoto K(2011) The effect of heat treatment on the performance of the Ni/(Zr-Sm oxide) catalysts for carbon dioxide methanation. Appl Surf Sci 257: 8171-8176

[19] Takano H, Shinomiya H, Izumiya K, Kumagai N, Habazaki H, Hashimoto K(2015) CO_2 methanation of Ni catalysts supported on tetragonal ZrO_2 doped with Ca^{2+} and Ni^{2+} ions. Int J Hydrogen Energy 40: 8347-835520

[20] Hashimoto K, Kumagai N, Izumiya K, Takano H, Shinomiya H, Sasaki Y, Yoshida T, Kato Z(2016) The use of renewable energy in the form of methane via electrolytic hydrogen generation using carbon dioxide as the feedstock. Appl Surf Sci Catal 388(B): 608-615

第 11 章

原型装置与中试装置

摘要：在成功开发出有效关键材料的基础上，我们于 1996 年在日本仙台市东北大学建造了世界上第一座以每小时 $0.1Nm^3$ 的速度产生甲烷的“电转气”原型装置，由太阳能电池发电、海水电解制氢、二氧化碳与氢气反应制甲烷化以及甲烷燃烧器组成。二氧化碳甲烷化系统与甲烷燃烧器通过往复双管道连接，甲烷与用二氧化碳稀释的氧气燃烧后，产生的二氧化碳自动返回到甲烷化系统。进而 2003 年在仙台东北工业大学建造了工业规模的中试装置，由海水电解槽和二氧化碳甲烷化系统组成，甲烷产生率为每小时 $1Nm^3$。2011 年以后，工业规模装置的建设和产业化则由日本企业主导，并且通过与日本国内及国际相关企业合作顺利推进。

关键词：1996 年的原型装置，2003 年的工业化中试装置，企业主导的产业化

在成功研制出这些关键材料的基础上，笔者于 1995 年秋季获得了专项资金支持，并与日本企业的合作伙伴一起于 1996 年 3 月，在日本东北大学金属材料研究所的楼顶平台上建造了全球二氧化碳回收利用原型装置，以证实我们的想法，如图 11.1 所示[1]。这套装置包括一组太阳能电池、制氢的电解槽、氢气与二氧化碳反应制甲烷的两级反应器、甲烷与氧气的燃烧器，以及连接甲烷化装置与甲烷燃烧器的输送二氧化碳的双向往复管道，这是世界上第一套“电转气”装置，每小时可以产生 0.1Nm^3 的甲烷。

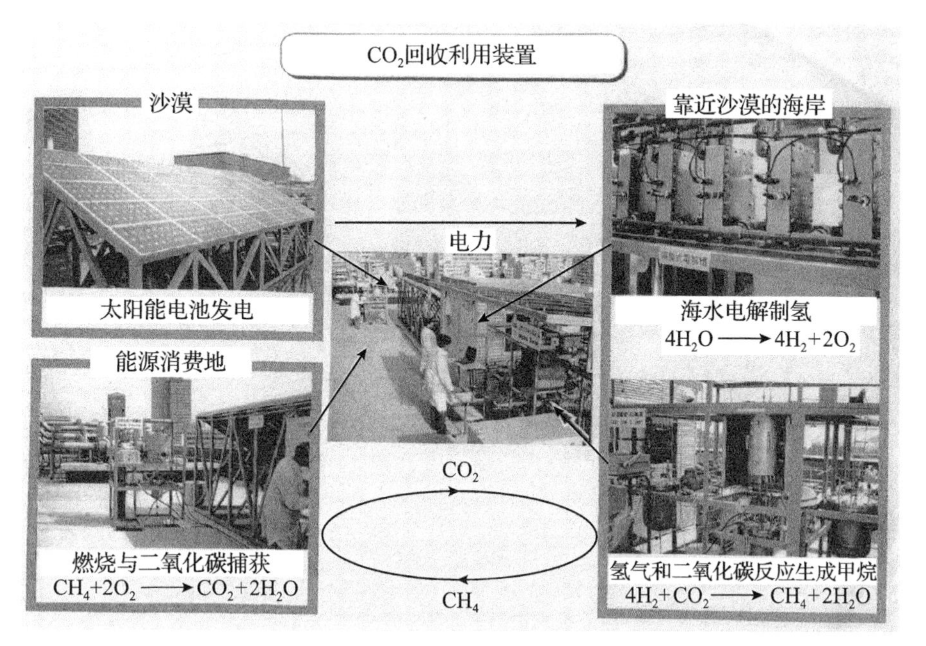

图 11.1　1996 年在日本东北大学金属材料研究所楼顶平台上建造的用于全球二氧化碳回收及循环利用的原型装置[1]

这套装置的建造取得了令人兴奋的具有划时代意义的结果，证明了能源消费者可以利用遥远的太阳能获得与天然气相同成分的甲烷，而不会向大气中排放二氧化碳。进而，如果用二氧化碳稀释电解制氢时产生的氧气，并与甲烷混合燃烧时，在排出的烟气中就不会含有氮氧化物，无需进行二氧化碳与氮氧化物的分离从而实现自动回收。因此，如果将电解装置和二氧化碳甲烷化装置与合成天然气发电机组并行设置在一起的话，只要电力是从可再生能源获得，那么二氧化碳和水则可以在这个系统中循环使用，而无需再以原料的形式添加。合成天然气发电机产生的电力是稳定的，每时每刻都可以供应电力以弥补可再生能源电力的不足，并且可以平抑电力的间歇性波动。这将在第 14 章中详细解释。

如图 11.2 所示[2]，2003 年笔者在日本东北工业大学建造了一套工业规模的中试装置，由海水电解装置和二氧化碳甲烷化系统组成，通过两级反应器以每小时 1Nm^3 的速率产生甲烷。

工业规模中试装置

海水电解制氢

$4H_2O \longrightarrow 4H_2 + 2O_2$

二氧化碳与氢气反应合成甲烷

$CO_2 + 4H_2 \longrightarrow CH_4 + 2H_2O$

图 11.2　2003 年在日本东北工业大学建造的由海水电解和二氧化碳甲烷化系统组成的工业规模中试装置

中试装置建成后，与许多大学、研究所和企业开展了合作，进行了将水电解和二氧化碳甲烷化与风力发电相结合的研究开发。在日本，适合风力发电的场所受到诸多条件限制，因为日本周围的海洋太深，无法建造海上风力发电机组，而且还会遭到台风袭击。因此，我们考虑了在风帆筏上发电，如图 11.3 所示，在帆筏上安装风力发电机、水电解和二氧化碳甲烷化装置，将产生的甲烷运至陆地。这样我们就可以通过行驶帆筏寻找风况良好的地方，避开台风。对这种帆筏作业的模拟结果表明，为了实现有效的风力发电，在一个长 1880m、宽 70m 的帆筏上，将 11 台 5MW 的风力发电机排成一列形成发电机组，帆筏的四角设有 4 张风帆，这样在日本近海地区的发电效率最高可达 42.6%，并且可以随时避开台风。

图 11.3　在帆筏上进行的风力发电、电解海水制氢和二氧化碳甲烷化系统

利用可再生能源生产甲烷在技术上是可行的，但产业化进展缓慢。天然气是从气井中获得的一次能源，相比之下，我们生产的甲烷是从可再生能源发电经过制备氢气等过程得到，属于四次能源，因此，这种甲烷与天然气进行价格竞争就很困难，导致基础研究以外的实用技术开发进展缓慢。

但是在 2011 年 3 月 11 日，日本东部发生地震和海啸灾难 2 个月之后，一家国外石油天然气公司与笔者的一位同事联系，并提出希望合作。他们谈道："实际上从天然气的气井中出来的是含有甲烷和二氧化碳的混合物，在极端情况下，四分之三是二氧化碳，四分之一是甲烷。为了精制天然气，则把二氧化碳排放到大气中。然而现在，特别是在欧洲为了防止全球变暖，开始使用可再生能源，而不是燃烧化石燃料。我们深刻感觉到将不会被允许为了精制化石燃料而向大气中排放二氧化碳。我们在世界范围内进行了搜索，发现只有你们拥有利用可再生能源将天然气井中出来的二氧化碳转化为甲烷的技术。你们的技术是必须立即在全世界使用的技术。让我们进行合作，让你们的技术尽快实现产业化”。

从那时起，在日本企业的主导下，特别是在我们的合作伙伴熊谷直和博士的带领下，通过与国内外企业的通力合作，我们的技术产业化取得了很大的进展，正在建造工业规模的装备。这是用可再生能源完全替代化石燃料和核能的关键技术之一，由于我们和合作伙伴的努力，这项技术的发展受到了世界各地的赞赏与鼓励。

特别是欧洲在防止全球变暖方面的深刻见解一直强烈支持和激励着大家。

参考文献

[1] Hashimoto K, Akiyama E, Habazaki H, Kawashima A, Shimamura K, Komori M, KumagaiN (1996) Global CO_2 recycling, Zairyo-to-Kankyo (Corrosion Engineering of Japan) 45: 614-620

[2] Hashimoto K, Kumagai N, Izumiya K, Takano H, Kato Z (2012) The use of renewable energy in the form of methane via electrolytic hydrogen generation. ECS Trans 41 (9): 1-14

第12章

光明的前景

摘要： 从20世纪80年代初开始，欧洲就一直在努力利用可再生能源来防止全球变暖。德国于1991年通过了《电力入网法》，启动了世界上第一个可再生能源电力的上网电价机制，并从2010年开始实施“能源转型”。德国决定到2050年，只使用可再生能源发电，届时二氧化碳排放量将减少80%。当电力仅由间歇性波动的可再生能源产生时，就有必要通过稳定的储存电力弥补不足和平抑波动。在长期储存方面，可以利用我们的技术将剩余电力转化为合成天然气，即甲烷，而天然气发电站燃烧甲烷再发电产生的稳定电力既高效又便利。在使用化石燃料和核能的传统发电中，超过60%的能量以温排水的形式消耗掉，而可再生能源发电几乎没有能量转换损失。在交通运输领域，这一变化将从能源效率约为15%的汽油和柴油汽车转变为电动和插电式混合动力汽车，使用可再生能源发电的电动汽车在驾驶和充电时的能源效率约为70%，而且不会排放二氧化碳。在商业和市民生活领域，新型建筑几乎可以实现能源零供给，而旧建筑通过改造可以实现能源消费减半。如果德国“能源转型”成功，将引领全世界追随他们的脚步，结束对化石燃料和核能的依赖。

关键词： 欧洲的成功，可再生能源的使用，能量转换零损耗，高效电动车，建筑物能源零供给

欧洲的人们从 20 世纪 80 年代初开始，就一直在努力利用可再生能源来防止全球变暖。根据欧盟可再生能源指令 2009/28/EC[1]，到 2020 年，欧盟的目标是将其温室气体排放量减少 20%以上，将可再生能源占能源消费的比例提高 20%以上，并实现节能 20%以上。并且，所有欧盟国家还必须在其运输部门实现 10%的可再生能源利用份额。另外，欧盟在欧洲议会和欧盟理事会关于建筑物的能源性能的指令 2010/31/EU[2]中达成一致，成员国应确保到 2020 年 12 月 31 日，所有新建筑物均需接近零能耗，并且在 2018 年 12 月 31 日之后，所有政府机关占用和拥有的新建筑物均为近零能耗建筑物。

德国在将化石燃料转变为利用可再生能源的研究开发方面有着悠久的历史和丰富的经验，从 1991 年开始实施的《电力入网法》就是一个例证，该法确立了世界上第一个可再生能源电力的上网电价机制。而且，德国从 2010 年开始实施能源转型计划，到 2050 年将 100%使用可再生能源电力，二氧化碳排放量将减少 80%。特别是在福岛核电站事故之后，德国认为核能发电是最危险的发电方式，因而决定在 2022 年之前停止核能发电。

如图 12.1[3]所示，德国可再生能源的利用稳步推进，特别是能源转型计划开始实施以后，可再生能源的使用率一直在增加。2017 年，可再生能源发电占总电力消费的 36%。可再生能源的使用不但在德国，而且在整个欧洲都很先进。英国商业、能源和产业战略部宣布，2016 年第二季度可再生能源电力使用量占总发电量的 25.4%，2017 年第一季度和第二季度分别上升至 26.9%和 29.8%，可再生能源的利用在扎扎实实地推进。

德国有一个全国范围的 100%可再生能源区域网络，包括已经实现 100%可再生能源目标的区域和计划达标的准备区域。世界上有许多地区和城市的目标是 100%利用可再生能源[4]。许多地区已经实现了 100%可再生能源的使用，但德国慕尼黑市的情况为计划实现 100%可再生能源的途径提供了良好参考[5]。据报道，拥有 150 万

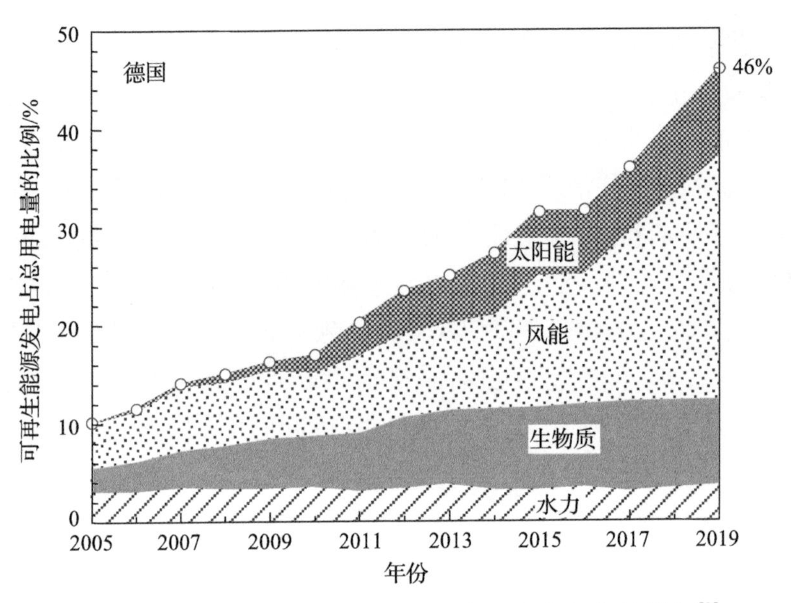

图 12.1　德国可再生能源电力在总电力消费中的份额[3]

居民的慕尼黑市计划到 2025 年使用可再生能源来满足所有的能源消费需求。慕尼黑市政府所属的电力公司为促进可再生能源利用，资助了北威尔士和北海的海上风力发电业务，不仅在德国，还在周边其他国家推广风力、光伏、太阳热能、水力、地热及生物质发电等。从 2015 年 4 月起，就已经向慕尼黑市的家庭、地铁和有轨电车提供可再生能源电力。

法兰克福是 2050 年实现 100%可再生能源的准备区域，并正在努力建设“绿色城市——法兰克福”[6]。节约能源、提高能源效率、热电联产和使用本地热源的情况如下：

(1) 50%，通过节能与提高能源效率减少能源需求；

(2) 25%，屋顶太阳能发电和废生物质能源利用；

(3) 25%，引入来自周边地区的以风力发电为主的电力。

能源可以使用氢气、甲烷、区域和家庭中的蓄电池以可再生能源的形式储存。为减少能源浪费，设立了绿色建筑奖，用于表彰能够实现可持续发展、能源效率高且美观的建筑物。在样板项目中，保留了历史建筑的正面外观，对背面进行了隔热、通风和热回收的改造，将年能源消耗从 200kWh/m^2 降低到 50kWh/m^2。对于办公建筑的能效提升目标，确定在 100～150kWh/m^2 以内，法兰克福最大的银行和大约 10%的其他办公楼被认定为节能建筑。对于当地的节电奖励，减少 10%的耗电量给予 20 欧元的补贴，在此基础上每节省 1kWh 给予 10 欧分的补助金奖励。所有发电设施，包括风力及太阳能发电设施，必须通过热电联产实现节能 30%的目标。德国 90%以上的公民都支持能源转换，几乎所有的市民都参与了这类行动。特别是他们不仅积极利用可再生能源，而且积极节约能源、提高能源效率和发展热电联产。

2011 年 3 月 11 日，日本遭受了海啸和核电站事故的严重破坏，因此福岛县在 2012 年决定要在 2040 年前实现 100%使用可再生能源，从而彻底摆脱化石燃料和核能。尽管他们的目标是在 2018 年实现可再生能源电力占比 30%，但是 2017 年就已经达到了 30.3%，而且，光伏太阳能电池板广泛分布在被海啸完全摧毁并变得不适宜居住的原农业区域。

在德国，2015 年 8 月 23 日下午 1 点，可再生能源发电量占其国内总发电量的 65.4%，占其国内消费电量的 84.1%；2017 年 4 月 30 日 12 时，可再生能源发电量占总发电量的 77.6%。这一事实表明，即使可再生能源发电量占总发电量的 70%以上，也可以在不担心间歇性波动的情况下安心使用电力。

有很多国家从德国进口电力，德国可以出口国内消费剩余的电力。核电站、煤及褐煤发电机组由于关停和恢复运行困难，无论电力需求如何，都必须连续运行。因此，有时传统发电站会用奖金的方式来刺激电力消费，并使用了“负电价”一词。例如，据说只有当电价低于每千瓦时 2 欧分时，才会进行用于二氧化碳甲烷化的电解水制氢。相比之下，天然气发电的特点是容易关停和恢复运行，因此，实际上就可以使用我们的合成天然气发电，取代核电站、煤及褐煤发电机组。德国是产业活动最发达的国家之一，尽管如此，德国仍在进行“能源转型”活动，甚至改变了产业结构和市民生活方式，就是为了实现全部利用可再生能源发电。我们可以从“能源转型”中学到很多关于利用可再生能源，提高能源效率和节约能源的知识，我们可以想象出未来的世界只靠可再生能源来保持可持续发展的景象。为了生存和可持续发展，只有使用可再生能源，我们需要从可再生能源中产生全部必要的能源。直接使用可再生能源发电是最有效的，但是，可再生能源产生的是间歇性波动电力，无法满足时时刻刻变化的需求。因此，我们需要提供稳定的电力，以弥补发电的不足，并平抑电力的间歇性波动，这样就必须预先储存由可再生能源产生的剩余电力。

图 12.2[7] 显示了为实现“能源转型”所需的来自储存电力的电力供给情况。对于短期储存数小时至一天这样的供电，我们可以使用各种传统技术，如蓄电池、抽水发电、压缩空气发电等。然而，

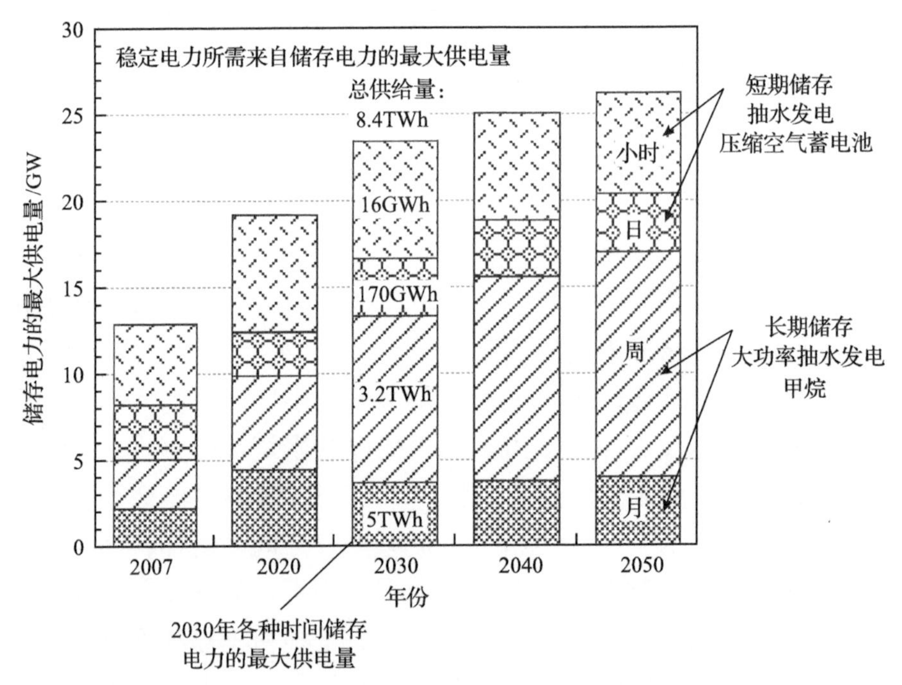

图 12.2 实现“能源转型”所必需的来自储存电力的电力供给[7]

大部分的电力储存必须持续数周或数月，如果考虑到能源需求和发电的季节性变化，则可能需要储存半年左右。那么，以目前使用的燃料的形式储存是最有效的，同时要考虑发电效率，储存必要的燃料量。实际上最方便的就是我们将可再生能源转化为甲烷的技术。天然气发电站具有易于停机和恢复运行的良好特性，因此，传统天然气发电站与热电联产系统相结合，利用甲烷燃烧再生电力，可实现余热利用。即使在今天，电力公司仍声称使用液化天然气发电是为了在一天内调整功率输出，因此每天都进行开停，白天运行，晚上停止。如果我们将剩余的电力以合成天然气即甲烷的形式储存起来，就可以利用容易关闭和重启的传统天然气发电站，通过燃烧甲烷产生再生稳定的电力，同时还可以结合热电联产实现温排水有效利用。

另外，在图 12.3[8]所示的“能源转型”中，必须显著减少能源消费和能量损失总量，尤其是减少发电时能量转换过程中造成的巨大能量损失是必要的。燃煤火力发电的能源效率一般在 40%左右，而核能发电的能源效率则在 35%以下，其中 60%以上的燃烧能以温排水的形式排放到河流和海洋中。其解决方案就是用可再生能源发电来代替燃煤和核能发电，而可再生能源发电不伴随能量转换损失和二氧化碳排放。但是，如果一次能源全部是可再生能源的话，则必须通过储存的燃料得到再生电力，以随时应对可再生能源产生的电力不足，并平抑可再生能源产生的间歇性波动电力。然而，天然气发电站利用合成天然气发电的能源效率也只有 50%左右，因此，“能源转型”要求热电联产，即综合利用电能和热能，而热能将被用于各种目的。如图 12.3 所示，通过“能源转型”活动的持续实施，将可再生能源发电与热电联产联合运用，可将 2010 年的高位能量转换损失减少至 6%。

由图 12.3 可见，德国商业和市民生活的能源消费量已经占到能源总消费量的 40%以上，实际上在商业和市民生活中，几乎 90%的能源消费用于供暖和热水供应。在“能源转型”中，不仅要求新建筑物零能源消费，还拿出补助资金鼓励对现有建筑物进行改造，以满足最低能源消费的要求，例如采用有效的隔热材料、双层窗及使用发光二极管 LED 照明等。

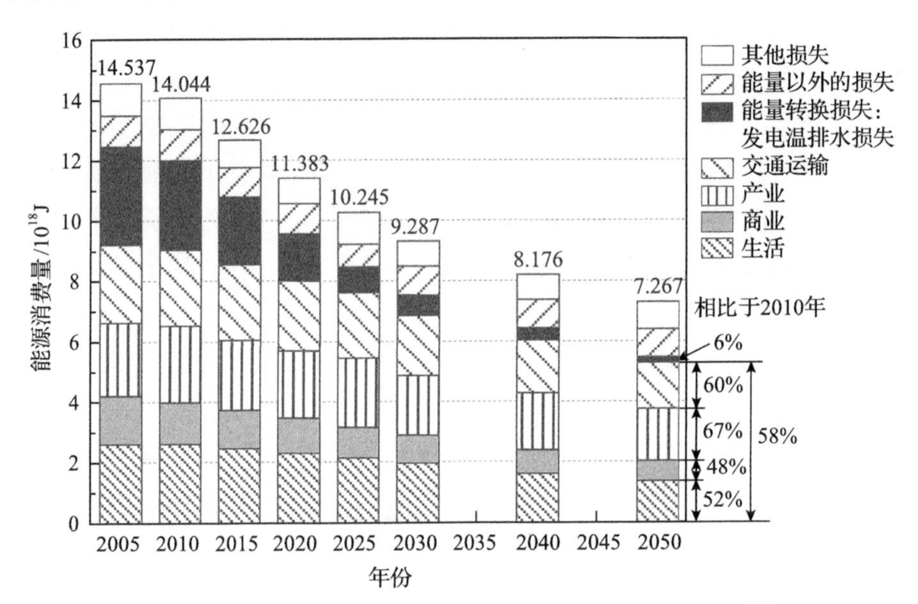

图 12.3　实现“能源转型”所必需的能源消费减量[8]

交通运输领域的能源节约为推动从汽油和柴油汽车转变为利用可再生能源产生的电能的电动和插电式混合动力汽车。例如，原有的汽油和柴油汽车的能源效率不到 15%，而电动汽车在不排放二氧化碳的情况下，行驶和充电合计的能源效率大约为 70%。事实上德国联邦委员会已于 2016 年 10 月通过一项决议，要求到 2030 年前禁止使用汽油和柴油内燃机汽车。2018 年 10 月 2 日，丹麦政府宣布，到 2030 年将禁止销售和使用内燃机的新车，混合动力汽车也将在 2035 年前逐步淘汰[9]。

这样，以二氧化碳减排为目标，交通运输、工业、商业和市民生活等各个领域都在努力推进能源节约，如图 12.3 所示，到 2050 年，总能源消费量将下降至 2010 年的 58%。从这些努力和目标中可以看出，欧洲的目标是 100% 使用可再生能源，他们普遍的想法是通过节能、提高能效和热电联产将自身的能源需求减少几乎一半。

另外，从减少二氧化碳排放的角度来看，除了前面列举的德国和丹麦的例子外（表12.1），许多国家和城市都决定到2040年禁止使用汽油车和柴油车。首先，将不生产没有电动机的汽车，最终将只使用电动汽车，甚至连插电式混合动力汽车也将在许多国家逐步淘汰。一些欧洲国家还采取了优惠措施来推广电动汽车，例如购车时减免税或提供补贴，降低道路税、收费公路费用及停车费等。

表12.1 决定到2040年前禁止使用汽油车和柴油汽车的国家和城市[10]

仅售卖以下汽车			
挪威[a]	2030年起	电动车	混动车
荷兰	2025年起	电动车	
印度	2030年起	电动车	混动车
禁止销售汽车			
英国	2040年起	汽油车	柴油车
牛津	2020年起逐步	汽油车	柴油车
苏格兰	2032年起逐步	汽油车	柴油车
法国[b]	2040年前	汽油车	柴油车
逐步淘汰			
巴黎	2030年起	汽油车	柴油车
禁止销售汽车			
巴塞罗那	2030年前	汽油车	柴油车
哥本哈根	2030年前	汽油车	柴油车
温哥华	2030年前	汽油车	柴油车

a 2016年电动和混合动力汽车的份额已经达到28%。

b 到2050年实现碳中和。

德国“能源转型”的成功将带领全世界结束对化石燃料和核能的依赖。

参 考 文 献

[1] Directive 2009/28/EC of the European Parliament and of the Council of 23 April 2009 on the promotion of the use of energy from renewable sources and amending and subsequently repealing Directives 2001/77/E and 2003/30/EC

[2] Directive 2010/31/EU of the European Parliament and of the Council of 19 May 2010 on the energy performance of buildings

[3] Renewable Energy Sources of Figures, National and International Development, 2017, Federal Ministry of Economic Affairs and Energy

[4] GO100% Renewable Energy, http://www.go100percent.org/cms/index.php?id=19

[5] Kaoru Takigawa, Munich, Germany, City cooperation generates the total electricity consumed by all the households from renewable energy, August 15, 2015, http://blog.livedoor.jp/eunetwork/archives/45081962.html

[6] Werner Neumann, Green City Frankfurt, http://www.foejapan.org/climate/doc/img/131028_WernerNeumann.pdf

[7] White Paper of Electrical Energy Storage, by International Electrotechnical Commission 2011, http://www.iec.ch/whitepaper/pdf/iecWP-energystorage-LR-en.pdf

[8] Long-term scenarios and strategies for the deployment of renewable energies in Germany in view of European and global developments, Summary of the final report, BMU - FKZ03MAP146, 31 March 2012, http://www.dlr.de/dlr/Portaldata/1/Resources/documents/2012_1/leitstudie2011_kurz_en_bf.pdf

[9] https://www.euractiv.com/section/electric-cars/news/denmark-to-ban-petrol-and-diesel-car sales-by-2030/

[10] These countries are banning gas-powered vehicles by 2040, https://www.businessinsider.com/countries-banning-gas-cars-2017-10

第13章

氢 燃 料

摘要： 氢气之所以具有吸引力，是因为燃烧后只生成水。然而，目前还没有在全世界范围内普及应用的氢气储存、运输和燃烧技术，只有氢燃料电池汽车是氢燃料的潜在应用领域。氢燃料电池车的电极催化剂是铂，而铂的资源缺乏，使用受到限制。世界汽车工业为了不排放二氧化碳，正在积极发展使用电力这种二次能源的电动汽车，因为电动汽车的能源效率远高于使用氢气这种三次能源的氢燃料电池车。除非找到有效的应用方法，否则氢气不可能成为直接使用的主要燃料。

关键词： 使用三次能源的氢燃料电池车，使用二次能源的电动车，能源效率

氢气是一种很有魅力的清洁燃料，有些人想建加氢站，结合使用电解水制氢，即便电力来源是燃煤火力发电站，需要排放大量的二氧化碳。目前，已经投入了大量的资金。但是，使用氢气做燃料还是很困难的。

如前文所述，氢气的储存、运输和燃烧技术还未得到普遍应用。目前氢气作为燃料的主要用途还只是氢燃料电池车。在氢燃料电池车中氢气的氧化和氧气的还原均发生在燃料电池电极表面的铂原子上。据报道[1]，小型车、中型车和大型车对电极表面中铂的需求量分别约为32g、60g和150g。

全球铂储量估计为5.6万～6万t，2015年、2016年和2017年全球铂产量分别约为190t、189t和185t。2016年底，全球四轮汽车总量为13.24亿辆，2017年全球四轮汽车总产量为9730万辆。如果我们能用大量的氢燃料电池车来替代这些汽车，则可获得巨大成功，然而，生产足够量的氢燃料电池车是不可能的。

将铂年产量的10%，即每年18t铂用于制造氢燃料电池车是不现实的，即使被允许，每辆车使用30g铂，这也只能生产出60万辆车，这一数字仅占2017年全球四轮汽车总产量的0.6%。如果铂的年产量全部用于制造氢燃料电池车，那么生产出的氢燃料电池车总量也仅占2017年全球四轮汽车产量的6%。这表明，只要氢燃料电池车需要铂，就不可能普及氢燃料电池车。

基础研究可以使用任何贵金属或稀有元素，但一项新技术使用了大量的贵金属或稀有元素，就不可能成为工业化大规模应用的技术，除非能将贵金属或稀有元素替代为价格低廉、资源丰富的元素。因此，氢气不会是主要的燃料，除非发现新的氢气燃烧体系，并在世界范围内推广普及。

世界上大多数国家都认为电动汽车具有巨大潜力，并且世界工业体系也在向电动汽车发展。电动车充电和驾驶过程中能量转换效率为70%，且不排放二氧化碳。电动车所使用的电力是由可再生能源产生的二次能源，而氢燃料电池车虽然也不排放二氧化碳，但是氢燃料来源于使用二次能源的电解水，即三次能源，且发电效率仅为 30%～40%，氢燃料电池车的能源效率远远低于电动车。因此，与电动车相比，氢燃料电池车完全不具有优势。

虽然氢气燃烧只产生水，非常具有吸引力，但目前还没有高效利用氢气燃料的技术。为了发展氢燃料电池，代替铂作为电极催化剂的研究在日本也很盛行。但是，盲目发展氢燃料会给产业发展及从业人员带来巨大的负担。

我们不应该追求不现实的主题，而应该依靠全世界的共同努力，使用可再生能源保持可持续发展。

参考文献

[1] Miyata S (2008) Research and development trend of platinum substitute catalysts for fuel cell, NEDO Overseas Report No. 1015, 2008.1.23, http://www.nedo.go.jp/content/100105282.pdf

第14章

区域自供电系统与对外供电

摘要： 地方区域电力自给供应系统的建立是有效且非常必要的，该系统包含可再生能源发电的直接利用，剩余电力以合成天然气即甲烷的形式储存，天然气发电站使用甲烷作为燃料再发电，产生稳定的必要电力，同时温排水可以得到有效利用。剩余的电力将用于水电解，制备氢气和氧气。氢气被用于将从发电站回收的二氧化碳甲烷化，而甲烷则用于再发电产生稳定的电力。电解水产生的氧气用发电站排放的烟气中的二氧化碳稀释至空气中氧气的浓度，然后被用于发电站的甲烷的燃烧，电站的温排水也在该区域使用。在这个系统中，二氧化碳将在甲烷化装置和发电站之间循环利用。因为使用二氧化碳稀释的氧气代替空气用于甲烷燃烧，所以烟气中不含氮气，并很容易从烟气中回收二氧化碳，回收的二氧化碳用于制甲烷和稀释氧气，反复使用。集中过剩的电力向外部供应，用于工业和交通运输系统等行业。

关键词： 可再生能源发电，电解水，二氧化碳甲烷化，甲烷再生发电，用二氧化碳稀释氧气，用氧气燃烧甲烷，温排水利用，向工业和交通系统供电

如图 14.1 所示，可再生能源的使用在局部地区尤其有效，为使用可再生能源，除了区域的各种发电设施外，几乎所有的建筑物和房屋都将安装发电装置。欧盟规定，新建的公共建筑物在 2018 年 12 月 31 日之前，所有的新建筑物在 2020 年 12 月 31 日之前全部实现外部能源零供给。而在日本，公共建筑物建造时能源零供给尚未被提及。直接利用可再生能源产生的电力是最有效的，但我们需要尽可能多地储存间歇性波动的可再生能源产生的剩余电力。剩余电力将用于电解水制氢气和氧气，生成的氢气将用来与传统天然气发电站捕获的二氧化碳反应，生成甲烷，甲烷将用于传统天然气发电站获得再生电力，起到稳定电力的作用。生成的氧气与从天然气发电站烟气中捕获的二氧化碳稀释后代替空气燃烧甲烷。因为甲烷和氧气的混合气体是易爆气体，用普通燃烧设施燃烧时温度过高，任何传统的天然气发电站都无法使用，所以必须进行稀释。

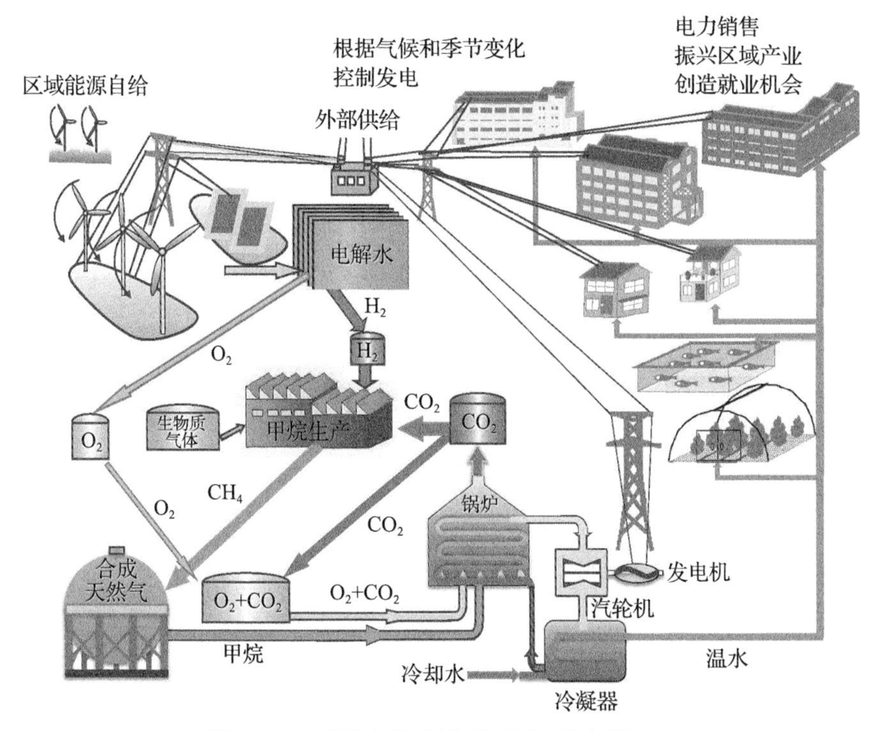

图 14.1　可再生能源自给自足的富裕地区

这个系统中所涉及的化学反应如下所示。

水电解：

$$4H_2O \longrightarrow 4H_2 + 2O_2 \tag{14.1}$$

甲烷生成：

$$4H_2 + CO_2 \longrightarrow CH_4 + 2H_2O \tag{14.2}$$

甲烷燃烧发电：

$$CH_4 + 2O_2 \longrightarrow CO_2 + 2H_2O \tag{14.3}$$

由以上反应方程式可见，式(14.2)形成的甲烷量是式(14.1)形成的氢气量的四分之一，式(14.3)中甲烷燃烧所需的氧气量与式(14.1)形成的氧气量相同。式(14.2)中形成甲烷所需的二氧化碳量与通过式(14.3)燃烧甲烷所形成的二氧化碳量相同。这样，在系统中同样数量的碳在甲烷和二氧化碳之间循环利用。在式(14.1)中形成的氢和氧所消耗的水通过式(14.2)和式(14.3)再生，因此，碳和水在不添加任何原料的情况下被回收利用。

如果使用空气燃烧甲烷，如式(14.4)所示：

$$CH_4 + 2O_2 + 8N_2 \longrightarrow CO_2 + 8N_2 + 2H_2O \tag{14.4}$$

通过冷却除去水蒸气后，二氧化碳和氮气的混合物残留在烟气中。此外，还形成了一些氮氧化物[式(14.5)]。氮气的含量是烟气中二氧化碳含量的 8 倍。

$$O_2 + N_2 \longrightarrow NO + NO_2 \tag{14.5}$$

在烟气中将二氧化碳从氮气中分离并不容易进行。相比之下，在传统的天然气发电站中，用捕获的二氧化碳稀释的氧气可以用于式(14.6)中甲烷的燃烧：

$$CH_4 + 2O_2 + 8CO_2 \longrightarrow 9CO_2 + 2H_2O \tag{14.6}$$

由于燃烧后烟气中不存在氮气，通过冷却除去水蒸气后，烟气中的二氧化碳很容易回收。回收的二氧化碳只有 1/9 用来再生甲烷，剩余的 8/9 将再次用于稀释氧气。事实上，在图 11.1 所示的原型装置中，在充满二氧化碳的炉内，在甲烷燃烧火焰附近能提供足够化学当量的氧气即可。为了弥补由于泄漏造成的二氧化碳不足，可以添加沼气及其他气体。在通常的天然气发电装置中，关停和恢复运行是很容易的。

在这个区域，每天和每小时的发电量将基于本地和外部的季节与天气的变化来进行电量需求评估，这将是发电协会的重要工作任务。而工业和交通运输系统的能源需求将通过从这些地方收集向外部供应的电力来满足。此外，天然气发电站甲烷燃烧的 50%的能量用来发电，其余在温排水中的 50%的能量也应用于农业、养殖、畜牧业以及房屋和其他建筑物的采暖。在这些地区，将创造各种新的业态，产生的财富将留在这个区域的内部，剩余部分将向外部出售，这些地区将成为特别富裕的地方。

如图 12.1 所示，在德国可再生能源产生的电力中，来自生物质发电的规模很大，仅次于风力发电，约占可再生能源电力的四分之一。如第 12 章所述，法兰克福是德国第五大城市，人口为 70 万人，他们的目标是到 2050 年前实现 100%使用可再生能源，并正在努力建设“绿色城市——法兰克福”。其中，通过节能和提高能效，可以减少 50%的能源需求；关于能源生产，一半靠从区域外引入风力发电的电力，剩下的一半则通过太阳能和废生物质能源发电解决。在德国，能源作物主要是玉米，加上小麦等可用来制作生物质能源。图 12.1 中的生物质能源里面就含有大量的作物能源。但是，考虑到世界人口在增加，农作物主要还是作为人们的食物及禽畜饲料，我们认为将其转变为能源使用将来是不太可能的。另外，德国国土的 80%是农田，在欧盟内其猪肉出产量第一，牛肉仅次于法国，排在第二位，因而有许多废弃生物质能源，如牲畜粪便、畜舍垫料及废饲料等。当地农户都安装生物质气化设备，并且与区域供热管网并网使用。据报道，日本北海道现在也有很多利用畜牧业废弃物的生物质能源气化发电设备在运转，畜牧业不仅出产肉类和奶制品，还能供应电力和热力，当地的人们乐在其中。

欧洲的志向是首先通过节能和提高能效减少一半的能源需求，然后实现100%使用可再生能源的目标。为了实现这个目标，就应该养成尽可能充分利用身边一切可利用的可再生能源的意识和习惯。

第15章

过渡期的二氧化碳排放量大幅削减[1]

摘要：为了保障充足的电力供应，在不能废止燃煤火力发电的情况下，通过将燃煤火力发电排放的二氧化碳甲烷化，并与合成天然气发电机组联合发电综合运行，则每 1kWh 电力的二氧化碳排放量将比燃煤火力发电站单独发电时减少 70%以上。

关键词：燃煤火力发电与合成天然气发电的联合发电，削减 70%以上二氧化碳排放量

为了停止二氧化碳排放，利用可再生能源产生稳定的电力，提供充足的常规能源，这就是维持可持续发展的最终目标。而使用风力及太阳能作为原料的话，则得到的电力不可避免具有间歇性波动。如果将可再生能源产生的电力储存起来，根据需要弥补可再生能源直接产生的电力的间歇性波动，并且能够提供充足的常规电力的话，就可以实现可持续发展。

我们提出的二氧化碳回收利用就是将可再生能源产生的剩余电力，以与天然气相同成分的甲烷的形式储存起来。由于合成天然气发电运行与关停特别容易，这样就可以得到必要的常规电力，用于弥补可再生能源直接发电间歇性波动的不足部分。这种方式也可以通过不同区域的合作实现。

但是，不论怎样在过渡期燃煤火力发电的电力是必须有的，因此，我们的合作伙伴熊谷直和博士团队提出了一项解决方案，如图 15.1 所示。首先回收燃煤火力发电站排放的二氧化碳，然后利用

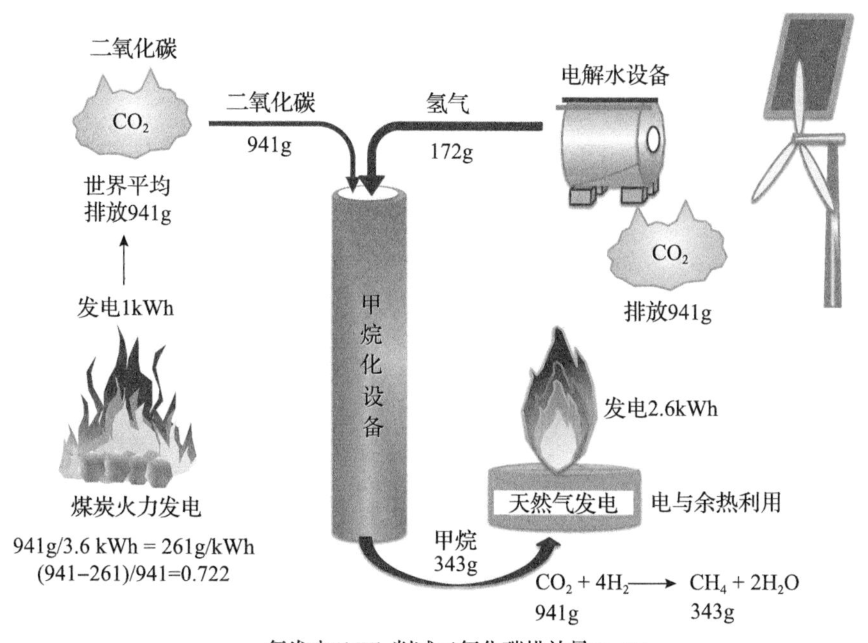

图 15.1　过渡期通过联合发电能够削减 72.2%二氧化碳排放量的模式图

我们开发的技术使之甲烷化，这样通过将使用甲烷的合成天然气发电机组与燃煤火力发电机组联合运行，就可以将二氧化碳排放量减少 70%以上。

据报道，为了得到 1kWh 的电力，燃煤电厂排放二氧化碳的世界平均值是 941g[1,2]。将这 941g 二氧化碳回收，与通过可再生能源电力电解水制备的氢气反应生成甲烷，从而得到 343g 甲烷，使用这些甲烷在合成天然气发电站发电可以得到 2.6kWh 的电力，整个过程最终排放二氧化碳 941g。在这种情况下，两个发电站合计发电 3.6kWh，而排放二氧化碳为 941g。因此，相当于 1kWh 的电力排放二氧化碳 261g，与燃煤火力发电 1kWh 的电力排放 941g 二氧化碳相比，燃煤火力发电与合成天然气发电联合发电 1kWh 电力排放的二氧化碳量削减了 680g，即减少了 72.2%。

实际上燃煤火力发电机组停机与再启动不易随时进行，并且不能在最小稳定出力 27.8%以下运行，如果一个燃煤火力发电机组与合成天然气发电机组联合运行的话，那么对应于 72.2%出力的其他燃煤火力发电机组就可以废止。如果合成天然气发电将来也可以一直使用下去的话，不只是电力，余热也可以通过热电联产得以利用。将来，如果可再生能源电力十分充足的话，就可以废止燃煤火力发电，剩下的合成天然气发电机组可以单独运行，产生的二氧化碳不排放出去，进行甲烷化反复使用，便可以产生稳定的电力。这就是图 14.1 所示的发电系统最终的模样，二氧化碳在甲烷化装置与合成天然气发电机组之间循环，而作为甲烷化副产物的水，以及从合成天然气发电烟气中回收的水则可以通过电解反复使用。

现在，火力发电总出力是由燃煤火力发电和合成天然气发电的组合运行提供，如果将目前的燃煤火力发电机组废止 72.2%的话，那么在燃煤火力发电和合成天然气发电的联合发电站，燃煤火力发电的出力只占 27.8%，而合成天然气发电的出力占 72.2%，是燃煤发电的 2.6 倍。然而，在燃煤火力发电和合成天然气发电的联合发电中，并不需要燃煤火力发电的全部出力来维持，合成天然气发电最终一定会弥补可再生能源直接发电的电力的间歇性波动，保障稳定的电力供给。燃煤火力发电之所以还在存续，是因为由可再生能源得到的电力尚不充足，而且对燃煤火力发电和合成天然气发电的联合发电还在投入大量的资金，如果将这部分资金用于增加可再生能源的直接发电量，则燃煤火力发电就可以废止。用发展的眼光来看，这是电力事业应该选择的正确之路。

参 考 文 献

[1] グローバル二酸化炭素リサイクル，橋本功二著，東北大学出版会，2020 年 2 月 14 日
[2] 火力発電に関する昨今の状況，資源エネルギー庁資料，2019 年 10 月 10 日

第 16 章

结　　论

当前大气中的二氧化碳浓度和全球气温的上升速度均处于危险的状态。自2007年以来，大气中的二氧化碳浓度以每年约2.36ppm的速率增加，而且2007年以来的10年里，全球平均气温升高约0.26℃。工业化前大气中的二氧化碳浓度约为280ppm，但是2018年达到了415ppm。尽管我们人类只出现在大约20万年前，但据报道，2007年大气中的二氧化碳浓度达到了350万年前的水平。在350万年前，大气中的二氧化碳浓度为360～400ppm，全球平均气温和海平面分别比工业化前高2～3℃和15～25m。当前大气中的二氧化碳浓度及我们地球上燃料资源储备的前景表明，改变整个世界的需求十分迫切，必须依靠可再生能源生存和保持可持续发展。1997年，《联合国气候变化框架公约》第3次缔约方会议通过《京都议定书》之后的世界历史表明，发达国家在能源消费和节能方面的先进技术并不能有效地降低世界能源消费量和二氧化碳排放量。

为了防止进一步的全球变暖和地球上化石燃料的完全枯竭，以及更加有效地利用剩余的化石燃料，全世界都必须学习德国在“能源转型”方面的努力，通过使用可再生能源、节约能源、提高能源效率和热电联产，旨在使二氧化碳排放量到2050年减少80%以上。

对于这样一场能源革命来说，储存可再生能源剩余电力是最方便且最容易应用的关键技术，就是将从废气中回收的二氧化碳与使用可再生能源剩余电力电解水产生的氢气反应合成甲烷。近30年来，我们一直在进行二氧化碳回收利用的研究开发，目的就是以甲烷的形式使用可再生能源。甲烷是利用从废气中回收的二氧化碳作为原料，与使用可再生能源电力电解水制取的氢气反应而生成。由我们的合作伙伴牵头，在一家日本企业的主导下，日本国内外企业正在开展合作，共同推进利用可再生能源生产和供应合成天然气即甲烷的产业发展。

只有利用可再生能源才能实现全球可持续发展，因而需要储存可再生能源产生的剩余电力，并且必须随时利用储存的电力来供应可再生能源产生的电力短缺，平抑可再生能源产生的间歇性波动电力。另外，用于供应电力不足部分和平抑波动得到稳定电力的电量，必须能够根据需要自由调节。目前，电力公司的天然气发电机组一般白天运行、夜间停机，每天都在调整出力。而我们合成的甲烷就是为稳定电力进行再发电的最佳燃料。因此，如果将可再生能源产生的间歇性波动电力和合成天然气即甲烷产生的稳定电力组合起来，只使用可再生能源，就可以实现全世界可持续发展。

我们地球上有取之不尽、用之不竭的大量的可再生能源，而且我们也拥有使用可再生能源的技术。如果全世界通力合作，共同克服全球变暖，防止化石燃料的枯竭，那么全世界就可以在不依赖化石燃料和核能的情况下，依靠可再生能源利用技术，生存下去并且保持可持续发展。

即使控制二氧化碳排放量不再增加，目前已经排放的大量的二氧化碳导致的全球变暖还在加剧。因此，世界上任何国家的最终目标都必须是停止燃烧化石燃料，所需能源全部由可再生能源供给。但愿所有国家，都能以全部能源由可再生能源提供为最终目标，向前迈进。

致　谢

笔者在将可再生能源以甲烷的形式使用的研究开发过程中，得到了诸多同仁的持续合作与支持，有日立造船公司的熊谷直和博士、泉屋宏一博士、高野裕之博士、四宫博之博士等，北海道大学研究生院工学研究科幅崎浩树教授，日本东北大学金属材料研究所秋山英二教授，熊本大学研究生院尖端科学研究部山崎伦昭教授，已故日本东北工业大学名誉教授目黑真作，日本东北工业大学加藤善大教授等，原日本东北大学金属材料研究所浅见胜彦教授、川嶋朝日教授及研究室的各位伙伴，在此深表谢意！

笔者对日本东北大学名誉教授增本健，北海道大学名誉教授佐藤教男，波兰科学院物理化学研究所名誉教授 Maria Janik-Czachor，麻省理工学院名誉教授 Ronald M. Latanision，皮埃尔和玛丽·居里大学名誉教授 Jacques Amouroux 自始至终的鼓励和支持表示诚挚谢意！

笔者特别感谢妻子桥本泰子！正是由于她的帮助和支持，笔者才可以与许多优秀的同事一起持续工作。